微表情心理学

写给年轻人的高效沟通课

刘长俞◎著

天津出版传媒集团
天津人民出版社

图书在版编目（CIP）数据

微表情心理学：写给年轻人的高效沟通课 / 刘长俞著. — 天津：天津人民出版社, 2019.2
ISBN 978-7-201-14435-1

Ⅰ. ①微… Ⅱ. ①刘… Ⅲ. ①表情—心理学—青年读物 Ⅳ. ①B842.6–49

中国版本图书馆CIP数据核字（2019）第021596号

微表情心理学：写给年轻人的高效沟通课

WEI BIAO QING XIN LI XUE: XIE GEI NIAN QING REN DE GAO XIAO GOU TONG KE

出　　版　天津人民出版社
出 版 人　刘　庆
地　　址　天津市和平区西康路35号康岳大厦
邮政编码　300051
邮购电话　（022）23332469
网　　址　http: //www.tjrmcbs.com
电子信箱　tjrmcbs@126.com
责任编辑　刘子伯
印　　刷　大厂回族自治县德诚印务有限公司
经　　销　新华书店
开　　本　880×1230毫米　1/32
印　　张　6.5
插　　页　0
字　　数　150千
版次印次　2019年4月第1版　2019年4月第1次印刷
定　　价　35.00元

前言

有道是："画龙画虎难画骨，知人知面不知心。"这就如同某些蜥蜴会根据环境而变换自己身体的颜色一样，人类为了生存有时也会选择戴上很多不同的面具。例如，员工在领导面前，总会表现出一副不辞辛劳的样子；男人在爱侣面前，总会说明自己对爱情忠贞不渝；商场的销售员总是说自己卖的产品效果显著；就连苹果和三星，在广告中都会影射对方产品的缺点，突出自己的优势……而实际上呢？我想，世界上的每一个人，都希望做最轻松、喜欢的工作，但拿着自己满意的薪水；即使情侣到了谈婚论嫁的地步，可能他的心里还装着那个难以忘怀的前任；买回家的产品也可能使用效果并不好；苹果手机并非手机中的战斗机，它有它的缺点，而三星也并非手机中的至尊王者，它有它的不足。

社会是一所大学，我们每一个人都要在这所学校里接受人生的洗礼。

在这个人心难料的社会里，人类也会因为保护自己的利益而钩心斗角、尔虞我诈，尤其是在如同战场一般的职场之中，人们更是拼尽全力地争取自己想要的东西：财富，职位，还有他人的信任、尊重等。然而，要获得这些并不容易，如果方法不当，可能还会失去它们。所以，在职场中，我们不仅要提高自身的实力，还要学会识别人心。

我第一次接触微表情心理学，是因为一档热播的脱口秀节目《非常了得》，自此以后我便对微表情产生了浓厚的兴趣。的确，在现实生活中，每个人都必须与他人打交道。无论男女老少、哪行哪业、职务高低，都免不了要与人沟通、谈判，因为社交是我们最基础的生活模式。

但是，并不是每一个人的社交生涯都是一帆风顺的。有的人在跟客户谈判时十分谨慎、步步为营，然而对方不但识破了他的打算，还借力打力，占尽优势；有的人在公司里兢兢业业、非常努力，可升职加薪的事不但没落到他的头上，反而让无功之人取得先机；有的人费尽心思讨好爱人，可最后却闹得不欢而散……这都是因为他们不懂得洞悉他人的内心想法，所以才做了费力不讨好的事情。

虽然不是每一个人都具备天生的洞察力，但是这种能力可以通过后天的修炼获得，从而实现洞察事物发展、取得成功的目的。

微表情是一个心理学名词，它能够反映出一个人的心理活动，这包括对方的情绪、掩饰等心理迹象。众所周知，人类通过面部表情传递情感和内心感受，那么表情与微表情之间又有什么联系呢？

微表情是表情的一种，它持续的时间很短暂，仅有1/25秒，可以说，这是一个瞬间出现、消失的表情，因此心理学家用“微”小的“微”字来形容。与普通表情有所不同的是，人们无法自觉控制微表情，它是人类在遇到应急刺激后，做出的第一反应。我们可以对任何一个人露出微笑，哪怕你对这个人厌恶至极，但是当你受到惊吓时，却会不由自主地放大瞳孔，这一反应就是微表情，它会直接暴露你的内心活动。

吉田麻美是一位日本私人侦探，她曾一度懊悔自己从事这一职业，因为她最热衷的职业毁灭了她的爱情，同时她又为此而感到庆幸，如果不是因为拥有敏锐的洞察力，以及丰富心理学知识，恐怕她在步入婚礼的殿堂后，会追悔莫及。

原来，吉田麻美和男友交往五年后决定携手走进婚姻，在订婚前夕，好友为他们举办了一次单身派对。酒过三巡，吉田麻美发觉男友和闺蜜丽华眼神很是暧昧，这一情况令麻美的大脑神经紧绷起来，不过她并没有立刻表达出内心的愤怒。第二天，麻美和男友逛街时，她貌似无意地告诉男友："对了，你知道吗？秀吉和小兰分手了，就在订婚的三天后。"

"是吗？这是为什么？"男友也感到很好奇，因为他们两个可是青梅竹马，交往多年才决定步入婚姻的。

"因为小兰发现秀吉跟她的好友有一腿。"麻美这话说得漫不经心，可她的视线却紧紧锁定在男友的脸上。

"啊？那小兰应该离开他。"男友笑了笑，神色却不太自然，随后他借口下午有个临时会议要回公司加班，便和麻美分开了。

望着男友离去的背影，麻美的脸色渐渐阴沉下来，后来的几天里，她对自己进行了伪装，在公司的地下停车场拍到了男友和丽华举止亲密的照片。尽管麻美早已猜出十之八九，可拿到证据的那一刻，她还是觉得难以接受，不过好在她能够及早发现其中的问题，否则两个人结了婚，她将如何抉择丈夫和曾经的密友？

麻美小姐就是通过微表情发现男友用情不专，进而做出了分手的决定。如果他当时神色没有迟疑，没有心虚，麻美小姐很有可能误会了男友，但是他的反应却恰恰证明了麻美小姐的猜测，尽管她自己也不愿意承认。

微表情犹如人们内心活动的投影仪，我们可以通过那一闪而逝的细微表情、动作、反应，将对方的内心活动尽收眼底。就像法国启蒙思想家狄德罗说的那样：一个人，他内心深处的活动都表现在他的脸上，被刻画得那么清晰、明显。

因此，不少职员会通过领导的微表情揣摩他们的心思，从而给出他们理想的答案；HR 会通过面试者的微表情分析他们的性格和职业素质，从而选择对公司有帮助的人才；销售员会通过客户的微表情判断他们对产品的中意程度，从而推销出自己的产品。

在如今这个竞争激烈的社会，学会透视他人的心理活动，从细微之中分析、洞察一个人的性格特点、优势劣势，从而占据对自己最有利的位置，是我们在社交、职场之中占得先机，获得成功的绝杀技。

本书针对心理学知识进行分析，将其运用到习惯、生活、职场、两性、社交中，教你分析不同人的性格特点，灵活掌握与人交往的技巧，以简洁、生动的文字，让读者快速学会识别他人的微表情，并对其行为特点做出精确的判断，从而使自己在工作中左右逢源，在社交中春风得意，在人生中领悟成功的要旨！

目录

第一章 微表情反映情绪

第二章 5分钟掌握人际沟通的识人技巧

第三章 习惯背后藏着的惊人秘密

第四章 谁说不能“以貌识人”？

第五章 职场微表情，看不懂就要吃大亏

第六章 恋爱微反应

结束语

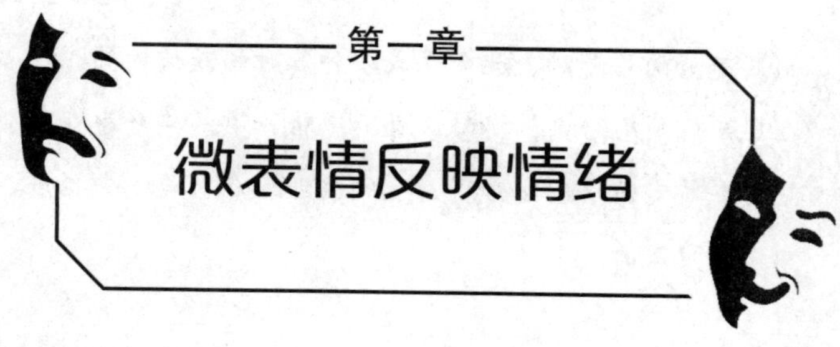

第一章

微表情反映情绪

微表情藏着小情绪

拉扎勒斯说:“当人类在外界环境中感受、接收到好的或不好的信号时，就会生成一种短时的或持续的生理心理反应——情绪。”换句话说，情绪并不是单一存在的，它是在特定情境、感知下产生的生理反应，是无法伪装、扭曲、更改的。

情绪，是人类对外界事物、态度产生的第一神经反应，比如，当有人用力掐你的胳膊内侧，此时你会皱起眉头，一只眼半眯、一只眼睛紧闭，颧骨四周的肌肉收缩，鼻子上耸，嘴巴张开，并伴随“呲”的发声。这是你在收到痛感刺激时，不由自主流露出的情绪体验。

拉扎勒斯说:“当人类在外界环境中感受、接收到好的或不好的信号时，就会生成一种短时的或持续的生理心理反应——情绪。”换句话说，情绪并不是单一存在的，它是在特定情境、感知下产生的生理反应，是无法伪装、扭曲、更改的。

针对情绪的这一特性，医学心理学家研究发现，情绪的种类多样化，且持续时间普遍较短（除具有特殊性的悲情情绪），比如惊讶的情绪维持最长时间不足 1 秒。因此，它所带给人们的心理感知才最为真实。

可以说，当你观察、洞悉到对方的情绪，等同于了解到他内心的想法、态度，那么你在与人交往过程中就将事半功倍。

那么，我们如何识别对方的情绪呢?

最能体现情绪的一个部位就是脸。当然，想要探索情绪的隐秘，我们要看的可不是一个人的容貌，而是他的表情。

人类的五官能做出非常丰富的动作，这些动作组合到一起，就形成了表情——弯起眉毛、眯起眼睛、扬起嘴角、颧骨上提，这些是愉悦的表情；眉毛上提、瞪眼睛、瞳孔放大、鼻孔张开、张大嘴巴，这些是生气的表情……

俗话说，出门看天色，进门看脸色。当你打算外出时，就要看看天空是否晴朗，需不需要带雨伞；当你与人交往时，就要看看对方的表情，以免触及对方的“情绪地雷”，这样你们的交往才更加顺畅。

【你需要控制情绪】

网上有句这样的话，“最怕空气突然安静”，我认为比“空气突然安静”的更令人尴尬的是“领导突然阴沉脸”。

杨蕊是我的大学同学，她性格直爽，平时跟朋友在一起也是有什么说什么。尤其是在工作以后，大家接触的人逐渐多了，在职场上钩心斗角、尔虞我诈，乐此不疲。但杨蕊一直保持着一颗赤子之心，这让她在业界获得了好口碑。

不过时间一长，有些人开始对杨蕊的真性情有些看法，认为她不会看人脸色，不懂得揣摩、笼络人心，公司同事对她的评价也是褒贬不一。

杨蕊倒是不以为然，她一向瞧不上那些阿谀奉承的小人，并为自己能出淤泥而不染感到骄傲。直到上个星期，她先后得罪了客户和老板，遭到竞争岗位同事的冷嘲热讽，一下子成了斗败的公鸡，开始怀疑自己这几年的坚持是不是错了。

两个月前，公司的销售经理被调去总部做培训了，杨蕊和艾米都盯着这次升职的机会，收到消息的第一时间两人就给人事部发了任职申请的邮件。其实，销售总监心里也满意这两个人，可她们俩资历差不多、能力也不相上下，一时间还真不好确定。

恰巧，公司一个海外客户的合同即将到期，他表示不想再和公司合作了。于是，销售总监就说，她们俩谁要是能啃下这块硬骨头，销售经理的位置就是谁的。

杨蕊对这次升职是势在必得，把对方的资料查了个彻底，满怀信心约谈合作的事。更让杨蕊喜出望外的是，这次他们谈得非常顺利，对方也表示很乐意继续合作。不过，他有一个附加条件，希望杨蕊可以做他的女朋友。

杨蕊一听这话，心里顿时跟吃了苍蝇一样恶心，当即把酒杯往桌上一掷，冷冷地说："可我听说郭先生已经结婚了啊。"

"我跟她就是形式婚姻，其实我早就喜欢你了，只要你答应，以后我手上的订单都和你签——你不是一直想当大区经理吗？"说着，他一只手就覆盖上杨蕊的手。

"你能自重点吗？"杨蕊一把抽出手来，拍在桌子上，怒气冲冲地说，"这个经理的位子我不要了，你休想拿这种事情要挟我！"

郭先生有些错愕，转瞬就听见杨蕊叨念说："寻花问柳，也不嫌恶心！"当即被气得脸色酱紫，愤愤地威胁她不许把这事宣扬出去就离开了。

第二天，杨蕊刚到公司就被总监叫去谈话。总监直言不讳地说：

“小蕊，昨天郭先生跟我说，你冲撞了他。”

“那是因为……”

不等杨蕊说完，总监就打断了她，皱着眉头说：“你们之间发生了什么我大概知道——可小蕊，郭先生对咱们公司很重要，就算他和你说了什么，你不高兴回来告诉我，以后我不会让你去和他谈合作，可你怎么能一点面子都不给他？”

“哼，是他自己不检点，还想让我给他留情面？你知道他跟我提了什么要求吗？”

杨蕊把昨天的事前后一说，总监先是宽慰她的情绪，又劝导她和郭先生道歉，毕竟人家是公司的客户。杨蕊一听，顿时来了气，把心里的委屈一股脑都说了出来，而总监的脸色也渐渐阴沉下来。

突然，杨蕊话锋一转，抱着怀疑的态度说：“他跟我说，我一心想坐经理的位子，只要答应他的要求我就能得偿所愿，你还让我跟他道歉——”杨蕊说到这，脑子蹦出一个可怕的想法，她狐疑地盯着总监问，“该不会是你想留住他，故意让我去找他谈的吧？”

此话一出，总监的脸色顿时冷若冰霜。

“总监，难道……”

“杨蕊，你知道你在说什么吗！”总监大喝一声，一手打翻了桌面上的文件。杨蕊吓了一跳，这才惊觉自己诋毁了总监，只好默不作声。数十秒后，销售总监生气地说：“行了，你回去冷静冷静！”

后来的结果显而易见，艾米坐上了销售经理的位置，她听说杨蕊说话冒失开罪了总监，处处给她使绊子、冷嘲热讽的，这让杨蕊觉得自己失败极了，她反复责问自己：“难道我应该和那些人一样阳奉阴违吗？”

虽然这件事的确令人作呕，但如果当事人换成头脑灵活、善于察言观色的艾米，相信肯定是另一个结果——当客户向她提出无理要求时，她会拒绝对方的追求，即使心中不悦也不会流露于面，使双方都保留情面。即使最后谈判失败，但至少不会为自己树敌，更不会发生后面的曲折。

【辨别脸色有巧宗】

一、面色严肃的人

一般来说，板着面孔、一脸严肃的人身居领导职位，且大多数人对他人、工作等要求颇高。他们在与人沟通时，尤其是面对下属，总是不苟言笑。当你和这样的人沟通时，如果对方始终板着一张脸，则表示他对你的话题颇有意见或不感兴趣；相反，如果他的表情舒展，则表示你的话题吸引了他的注意。此外，在与这类性格的领导交往时，要注意拿捏分寸，不可嬉皮笑脸、态度懒散。

二、面色平静的人

《幽窗小记》中言："宠辱不惊，看庭前花开花落；去留无意，望天边云卷云舒。"宠辱不惊说起来容易，想要做到其实很难。毕竟，人心皆有贪念，能够做到心如止水的人，一定是经历过大起大落、看透世间凡尘的人。

这样的人性格温和、平易近人，但并不说明他们胆怯软弱。如果你怀着一颗尊重、友善的心与之交往，对方也会以同样的心态对待你。不过，由于他们大多看明白世俗之事，所以想要和对方成为亲密的朋友，就需要下一番功夫——毕竟"路遥知马力，日久见人心"。

三、满脸怒火的人

任何人都不会一直处于生气、愤怒的情绪，所以当你和一个人交往时，发现他心里燃起愤怒的火焰，此刻我们首先要了解清楚他生气的因由。我们可以直接向对方询问，比如“是不是我哪句话说错了，让你生气了？”“你现在还好吗？需要我做什么吗？”

在询问过后，如果对方情绪有平静的迹象，对我们没有冷嘲热讽，则可判断对方并不是因为我们的过错而生气，就可以给他留出发泄情绪的空间——虽然我们的言行不是令他感到愤怒的原因，但如果我们和一个满腔怒火的人沟通，只会火上浇油，甚至引火烧身。所以，我们不妨让对方先冷静下来，如果想要找他谈生意或合作，可以先暂时告辞另约时间洽谈。否则他一肚子怒火，即使你说得天花乱坠，恐怕此时此刻对方一句也听不进去，还觉得你聒噪至极。

笑脸一定代表高兴吗?

一直以来，人们普遍将“笑”视为一种欢喜、愉悦的心情状态，并习惯性地将笑容和美好的事物联系到一起，所以人们的主观思想上便认为——一个人笑了，就说明他此刻的情绪是喜悦的。然而，事实并非如此。

我们常听到这样的形容:“她笑得像一朵娇艳的花儿。”“她嘴角弯弯的，像雨后倒挂在天边的彩虹。”是的，我们在形容“笑容”时总是把它和美好的事物联系到一起，所以人们的主观思想上便认为——一个人笑了，就说明他此刻的情绪是喜悦的。

然而，事实并非如此。

如果你经常使用QQ、微信软件的“小表情”，那么你一定频繁使用到“笑哭（破涕为笑）”“捂脸”的表情图片。

其中“笑哭”这个表情很有意思——它的眉毛下垂，眼睛弯成一条线，眼角还挂着两滴泪水，嘴巴却张得很大，呈圆润的倒三角形。当有人抛出一个尴尬或难回答的话题时，大多数人都会连发几个“笑哭”的表情来回避。

可见，有时候“笑容”并不意味高兴，识别它的“多重身份”很有必要，否则你就会像肖楠一样“栽跟头”。

肖楠是我的高中同学，从首都体育学院毕业以后就去当了拳击教练。熟悉他的人都知道他为人正直、仗义疏财，很值得信赖。按理说，像他这样性格好、工作好，而且长得还好看的优质男生应该很受女性朋友喜欢，可事实却偏偏相反。

因为肖楠有一个令人啼笑皆非的缺点——他不会笑。一听这话，大家都觉得可乐，谁还不会笑？讲个笑话，他还能不笑出来？

别说，肖楠的笑容比笑话有趣多了。念书的时候他和别人打架，一颗牙被打掉一块，咧嘴一笑，就能瞧见那颗极具喜感的牙齿，常常惹得众人哈哈大笑。后来又有女同学对他说，他不笑看起来像个冷面男神，一笑特像地主家的傻儿子。

本来这是一句玩笑话，可肖楠却把这话当了真，从那以后刻意板着一张脸，还得了一个“面瘫王”的外号。因为他表情冷漠，很多人都觉得他难以相处，就连找女朋友都成了难题。

前段时间，肖楠拔掉了那颗影响他多年牙齿，还换上一颗烤瓷的，这让他自信多了，更有趣的是，他为了像别人展示自己的自信，看见谁都露出一个露六齿的标准微笑。直到上周末，肖楠工作的俱乐部开展一次晋级大赛，冠军奖金8000块钱，几乎每个人都报了名。经理觉得女教练本来就少，决定不区分男女赛，大家也别太有得失心，主要就是娱乐。

女教练都没意见，这些男教练自然也没意见。

轮到肖楠上场的时候，和他打擂的正巧是女教练里最强的张小闵。肖楠想着，自己怎么也得有些绅士风度，开场了还给对方一个灿烂的微笑。

张小闵也微微一笑，两个梨涡镶在白瓷般的脸上，还没等肖楠反应过来，她猛地出拳一击即中，肖楠结结实实挨了一下子。接着就是张小闵的不断进攻，肖楠连招架的余地都没有。下赛场后，张小闵冷冰冰地丢给肖楠一句话：“成天讽刺谁呢？”

这话说的肖楠丈二和尚摸不着头脑，刚刚还如沐春风的姑娘怎么突然就变了脸？

这事跟同事一说，肖楠才弄明白，原来张小闵哪都好看，就是牙齿不齐，她一直很介意这事，前几天才戴上牙套。谁想到肖楠的标准微笑让她误会在笑话自己，于是她就报以一个甜美的微笑，不等肖楠反应就开始对他攻击，也算是她的小复仇。

肖楠哭笑不得，要是一开始就注意到小闵微笑的同时那双愤怒的眼睛，自己也不会连招架之力都没有了。

当一个人情绪愉悦时，他的笑容非常自然，就连眼睛里都流露出笑意，而肖楠为了和大家分享自己的自信，刻意露出的笑容反而让人觉得不舒服，这才会让小闵产生误会，“以彼之道，还之彼身”，用笑容给他一点颜色。

我们在日常生活中，每天都会看到不同的笑脸，这些笑脸各有特点，代表的心情也大不相同。比如，有的人见面点点头，扯动嘴角，露出一个皮笑肉不笑的笑脸；有的人眼眉弯弯，嘴巴也弯成一条灿烂的弧线。

人类有43块表情肌，除了可以做出“高兴”“愤怒”“悲伤”“厌恶”“恐惧”“惊讶”6种基础表情外，还可以做出“恐惧+厌恶”等复合表情，据相关专家研究发现，人类可以做出7000种以上的表情。这些表情虽有相似之处，可蕴含的意义却大有不同。

可见，有时候笑容不见得就表示“我很高兴”，它还可能表达“敷衍”“生气”“尴尬”“宽慰”等诸多情绪。笑容的深层含义你看懂了吗？

【笑容识性格】

一、灿烂的微笑

真诚、灿烂的微笑很好辨别，法国神经学家杜兴·德·布伦曾通过电流刺激脸部的实验发现了发自内心的笑与假笑的区别。当一个人流露出高兴的情绪时，嘴角的肌肉会上提，眼角会稍稍向下，眼睛周围的肌肉（轮匝肌）会有明显的收缩，眼角处会褶皱或细纹，眼睑上处的也会出现细纹，年纪较大的人皱纹则会较深。

这就是为什么会有这样的笑话——

A:“爱笑的女孩运气都不会太差。”

B:“我看是爱笑的女孩会老得更快吧！”

当然，这只是玩笑话。对于经常露出灿烂笑容的人，他们性格随和、直爽，给人一种亲切感，在社交方面有很大的优势。同时，他们还具有冒险精神，喜欢一些有挑战的运动或工作，由于他们心态乐观向上，所以在遇到麻烦时也会越挫越勇。

和这类性格的人交往，会让我们感到舒服、轻松，不过由于他们爱好广泛，社交能力很强，所以他们的身边总是围绕很多朋友。如果你的性格内向、孤僻，可以学习他们身上的长处，同时还要明白，他的朋友并不止你一个，切不可在这件事上小心眼。

二、皮笑肉不笑

所谓皮笑肉不笑，就是我们常说的“假笑”，虽然对方的五官做出了“笑”的动作，但他的内心却不一定是这个态度，让人琢磨不透他到底是开心还是生气。

经常露出这种笑容的人，性格偏执，不会轻易表露自己的情绪。尤其是在别人询问意见或态度时，即使他们心中早有想法，也不会轻易告知他人。所以在和这样的人交往时，要注意自己的言行举止，当你不小心得罪他时，即使他不表明自己生气、怨恨等情绪，心里对也会你存有偏见。

【笑声识隐秘】

情绪不是单一存在的，所以人们在做出笑容动作时，其他器官也会做出相辅相成的反应，比如笑声。换句话说，即使一个人面带笑容，但他的笑声也会透露出他的隐秘心理。

一、扑哧一笑

扑哧一笑的人大多为女性，她们性格内向，温柔腼腆，善解人意。这种性格的人很好相处，如果你需要她们的帮助，她们也会尽力帮忙。不过，如果刻意发出这样的笑声，多伴随鼻子里发生“哼”的声音，则存在轻视、轻蔑的意思。

二、哈哈大笑

开怀大笑、笑声爽朗的人性格开朗、乐观积极，有时他们遇到并不是很好笑的时候，也会哈哈大笑，这一举动往往会让其他人感觉莫名其妙，甚至怀疑他在嘲笑自己。事实上，他们并没有这种心理，只是因为他们性格不拘小节，做事直来直去。

和这种人相处，自己也不能过于计较，否则反而会使你们之间出现误会和嫌隙。如果你们发生争吵，也不用过于担心他会耿耿于怀，当双方怒火消散，你们的关系也会和好如初。

额头的皱纹有玄机

古人说相由心生，在封建社会时，人们对一些江湖术士的话深信不疑。虽然这是影视作品的戏剧效果，但它的确有迹可循。有面相学家发现，人类除表情以为以外，身体上的纹理也能够反映出一个人性格、心理活动，以及这个人的境遇。

古人说相由心生，在封建社会时，人们对一些江湖术士的话深信不疑。比如说，古装电视剧里经常有这样的情节，某个人在市井摆摊算卦，拉住一个来往的路人说："公子，我看你印堂发黑，恐大难临头。"而且算命先生所言多半不虚。

这些情节设计多半是为了吸引观众，但是"算命"这一项研究，时至今日依然被人所关注。我们在地铁出口、商场附近，都能看到，一些人自称算命者、解惑者、免灾者，一般来说，他们不设立摊位，在地上铺上一张广告宣传，坐在凳子上看着来往的行人。而且，这些人不会轻易吆喝行人算命、算卦，但是一旦他们吆喝了谁，对方几乎都会请他们算上一卦。

你以为是他们真有知晓祸福的本领吗？其实只是这些人比常人更懂得观察人们的表情罢了。他们会通过观察行人的面部表情、行走的姿态，分析对方的境遇：一个人面露笑意，眼神聚焦，他们便可推测出，对方事事顺心，无须通过算命这种迷信的方法为自己转运；而那些面露愁容、步伐沉重的人，便可判断他们在某些问题上遇到了麻烦，顺着他们的境遇问问题，三言两语就能知道对方发生了什么事情。简单来说，这只不过最简单的识人之术，与所谓的“神通本领”毫无关系。

有面相学家发现，人类除表情以外，身体上的纹理也能够反映出一个人的性格、心理活动以及这个人的境遇。比如说，有的人年纪轻轻的，额头上就有明显的皱纹，人们管这叫抬头纹，说明他们经常做提起眉头的动作，很可能生活压力很大，生活中经常发生不顺心的事，心理和精神长期受压抑；而有的人可能年纪已经不小了，但面部却没有什么皱纹，人看着也比同龄人年轻，这可以说明截至目前，他们的生活总体来说是比较幸福的，没有什么操心、烦闷的事情，即使碰到一些不顺心、不如意的事，也能自我消化，不会钻牛角尖。

曾有心理专家进行揭露，一些在民间博得美名，能够帮人预知未来运势走向、逢凶化吉的人，不过是懂得微表情心理学罢了。

这里值得注意的是，面部的纹理不单单指人类年长以后，面部肌肉萎缩、细胞失衡而形成的皱纹，还包括人在情绪作用下，浮现在面部的纹理。

【皱纹解密】

相关专家研究发现，人类身体的纹理蕴藏着心理密码，而且人们脸上的纹理不止横向一种，还存在纵向的皱纹，不过这种皱纹的人比较少见，据对部分人的观察、统计，拥有纵向皱纹的人大多性格刚毅，不趋炎附势，有济世之才、大将之风。

通常来说，我们识别一个人年龄的大小，主要通过对方额头上皱纹的深浅和多少。年纪大一些的人，抬头纹往往比较明显；年轻一些的人，抬头纹则不太明显，或者不注意看都发现不了。

【皱纹密码：藏在眉毛里的皱纹】

此外，还有一部分人的皱纹藏在眉毛里，如果不仔细观察的话，根本看不见。有这种纹理的人，大多比较自私，他们不愿意信任他人，内心比较阴险、狡诈，总是“以小人之心，度君子之腹”，为保护自己的利益不择手段，有时甚至还会做一些损人不利己的事，所以在和这样的人交往时，要多留一个心眼，和他们保持安全的社交距离，以免被他们算计。当然了，凡事无绝对，我们也不能因为这样的点评，就一棒子打死一片人，具体情况还应具体分析。

【皱纹密码：印堂之下、鼻子之上】

除额头以外，我们的印堂下面、鼻子上面的位置也有纹理，有心理学家调查后发现，此处纹理呈横纹的人，大多性格开朗，为人热情，对待生活、工作充满激情，很容易相处。他们心态积极、乐观，遇到麻烦或困扰首先会思考解决办法，不会沉陷于过去的挫折、失败中自苦。

不过，有的人这种纹理并不明显，只有在他们露出笑容时，纹理才会显现出来。如果你身边有这样的人，接触时间长了你便会发现，他们性情温和，没有太大的情感波动，他们很少生气、发怒，而且为人仗义、重感情，喜欢帮助朋友、替他人包揽事情，即使自己能力不足，也会伸出援助之手，正因这样的性格特点，他们也常常为自己惹来麻烦。

【皱纹密码：额头】

一、额头上方

一般来说，年纪较大的人额头上的皱纹也比较明显，有的人额头上会呈现出 3 ～ 4 条横向且呈圆弧形的皱纹，他们具有旺盛的生命力，身体健康情况更好。换句话说，他们比一般人生命周期长，是长寿之相。这样的人性格大多耿直、温和，且对人对事很有耐心，是大家眼中的老好人。不过，由于他们耿直的特点，很容易在说话时得罪别人，尽管他们是无心而言，却可能招来别人的记恨。

二、额头中央

额头中央位置有皱纹的人，大多直觉感比较强、很有主见，他们内心敏感、细腻，在做事或工作时，表现都很认真。不过，和这样的人相处时，人们往往不易探索他们的内心世界，总是琢磨不透他们在想什么，所以会给人造成颇有心计、为人冷漠的印象。

虽然通过皱纹识人听起来很新奇，但也足以说明，微表情隐藏于方方面面，哪怕是细微的皱纹，也可能反应出我们想要的信息。

眼神解锁心理动机

猫咪的瞳孔会随光线的强弱发生明显的变化——光线强时，猫咪的瞳孔会变成一条线；光线弱时，猫咪的瞳孔又会变得滚圆。人类的瞳孔变化虽然也受光强的影响，但并不十分明显，而真正令瞳孔产生明显变化的是我们的心理动机。

成语云“画龙点睛”，当张僧繇给墙壁上的“龙”点上眼睛后，顿时雷光乍现，风起云涌，被点上眼睛的那条龙竟然破画而出，乘云飞天了。虽然“画龙点睛”的故事是人们虚构的，但从这则故事中我们不难看出，眼睛也是人类、动物传神、表达情感的重要媒介之一。

虽然眼睛在五官中占据的位置面积最小，但它却是人类最精敏的器官——眼睛的神态、眼球的动态，乃至眨眼睛的频率，无一不能表达我们的情感，这才有了“眉目传情”“暗送秋波”等成语。尤其是在影视作品中，我们更是经常看到导演对演员的眼神特写。

比如，在电视剧《甄嬛传》中，孙俪炉火纯青的演技完美地塑造了“甄嬛”这一人物，并通过不同的眼神表现了甄嬛内心的情感变化——初入宫廷时，甄嬛心愿“逆风如解意，容易莫摧残”，眼睛如一波清水，眼神天真无邪，温婉可卿；后遇宫中妃嫔毒害，水汪汪的大眼睛里除了识破毒计的聪敏，还掺杂着无助和不安；再后经皇后陷害、打压，甄嬛一改纯真之心，与皇上相处时，眼神虽婉转多情，却也多了一分献媚求荣，而在与昔日姐妹、今日敌手的安陵容相见时，眼神里又充满冷傲、狠毒与不屑一顾。

可见，眼神可以直接反映出一个人心理动机，而掌握对方的眼神动向，了解他的内心渴求与心态，无论是与朋友交往，还是和同事相处，都大有益处。

几个月前，我的朋友就因为没有识别“眼神”而上演了一出“闹剧”。

阿晋是我的高中同学，是个铁骨铮铮的汉子，从警校毕业以后，光荣地成为一名警务人员。他拳脚功夫特别棒，侦察、反侦察能力也特别强，后来就被调去了刑侦科。

本来这是一件值得庆祝的事，凭阿晋的能耐，破案立功、升职提干这都是眼巴前的事，可偏偏他的女朋友不这样想——她觉得阿晋每天早出晚归的，一有局里的电话就得立马赶过去，就连约会、吃饭的时间都少之又少。这段感情在坚持两年多以后，女朋友终于忍受不住，和阿晋提出了分手。

一天他们一起吃饭，两个人没生气、没吵架，就在吃饭吃到一半的时候，女朋友突然停下筷子，淡淡地说：“阿晋，我们分手吧。我想结束这段感情了。”不等阿晋问一句“为什么”，女朋友已经喊服务员埋单结账了。

那天，阿晋失魂落魄地走出饭店，一连几天都没好好休息过。

赵潼说：“阿晋跟我不一样，你看我有时候嬉皮笑脸的，谁说我几句我都不放在心上——就算哪天我身上发生了什么事，我也扛得过去。可阿晋那是铁骨铮铮的汉子，做什么都是‘宁可断头，不肯低头'，”说着，他从桌子上拿起一双筷子，用力一撅——折了。他继续说，“就跟这筷子一样，真要是遇到压力就该断了。”

我听完赵潼的话，觉得有几分道理，于是就和几个朋友在微信上说，最近别当着阿晋的面提起“爱情”“恋爱”“失恋”这样的话题，以免他触景生情。

过了一段时间，娇娇和老公度蜜月回来，叫了几个好朋友出来聚会。那段时间阿晋刚好办理完一宗凶杀案，提醒我们以后说话、做事留点余地，别树敌太多。娇娇感同身受，就这个话题聊了起来，没说一会儿，话锋突变，不知道怎么就说到情杀案上去了。

提到这个，娇娇来了精神，一副过来人的模样踱着步子说："我跟你们说，女人跟男人说分手，无非就三个原因——要么玩厌了，要么有人追了，要么就是嫌他穷。你想，哪个男人知道自己被耍了，还能心平气和地分手啊，气急之下就动了手，又没拿捏住分寸，不就成了情杀案了？”

听了她的话，阿晋的神色顿时黯淡下来，眼睛也失去了往日的神采。但她全然没有注意到，仍是一脸甜蜜地说："毕竟这个世界上不是每个人都像我跟我老公一样恩爱，哈哈，我跟你们说，我老公说下辈子还要认识我，娶我当老婆……”不等娇娇“撒完狗粮”，阿晋就咳嗽一声，借口去洗手间，就没有再回来了。

娇娇就是我们口中常说的“不会看眼色”的人，如果她一开始就注意到阿晋神色黯然，也不会继续炫耀自己和爱人的甜蜜生活了，阿晋也不会因此而感到不舒服，致使场面陷入尴尬。

当然，由于在场的都是好朋友，虽然娇娇口无遮拦，但这并不是她的本意，也不会影响大家的感情。可是，如果是在和上司、同事交往时会错意，或没能及时刹住嘴巴的车，恐怕就会在不知情的情况下得罪对方，给自己树立暗敌。

【眼睛解锁心理动机】

一、瞳孔的秘密

众所周知，猫咪的瞳孔会随光线的强弱发生明显的变化——光线强时，猫咪的瞳孔会变成一条线；光线弱时，猫咪的瞳孔又会变得滚圆。人类的瞳孔变化虽然也受光强的影响，但并不十分明显，而真正令瞳孔产生明显变化的是我们的情绪。

比如，当看见令自己感到恶心、厌恶的东西时，瞳孔会明显收缩；当遇到令自己感到惊喜、兴奋的事情时，瞳孔会明显放大；而当遇到极其恐怖的事物时，瞳孔会放大到正常时的 4 倍左右。这也是为什么一些恐怖漫画中，作者将人物的瞳孔夸张地画出眼眶的原因。

二、快速眨眼睛

除在受到外界刺激，比如风沙眯眼、洋葱汁刺激眼睛之外，我们的眼睛是不会眨得很快的。如果一个人在正常情况下冲你很快地眨眼睛，则说明他很有可能在对你说谎。此时，你可以故意重复向他提问，如果他眼神飘忽、眨眼睛的频率很快，就可以怀疑他说的话的真实性。

三、挤眉弄眼

这是一种含有制止性暗示的动作。通常，我们的语言或行为在公开场合不得当时，朋友、同事或其他人都会用“挤眉弄眼”的动作示意停止。这时候我们要及时管住自己的嘴巴和肢体，避免使自己陷入尴尬的局面。

四、闭眼睛

当你在表达自己的意见或想法时，对方却闭上了眼睛。其实，这也是一种行为暗示——意在说明，“我对你的话题没有兴趣”。此刻，如果你继续滔滔不绝地表达自己的看法或表现自己，则会引起对方的反感，甚至逼迫对方下达逐客令。当遇到这种情况时，我们可以给自己找了台阶下，比如，“我还能把这个方案做得更好，不如我补充以后再向您汇报”“我还有其他工作要做，我先告辞了”，等等。

嘴巴不光会说话，还会传达心情

嘴巴不仅掌管“人类健康权”“沟通话语权”“情感宣泄权”，还掌握着“心理活动权”，所以观察他人的嘴巴动作也是有很必要的。

如果将脸比作一个小国家，那么眼睛就相当于知人善用的宰相，鼻子就相当于守卫边防的将军，而嘴巴就是手握江山的国王。那么，“嘴巴国王”都掌管什么权力呢？它呀，不仅掌管“人类健康权”“沟通话语权”“情感宣泄权”，还掌握着“心理活动权”。可谓是在“五官国”中大权在握，如果你能俘虏“嘴巴国王”的“芳心”，你不仅能主宰自己的身体，还可以透视他人的秘密。

“沟通话语权”自不必说，这是嘴巴独有的“被动技能”。除此之外，它还具有和眼睛、鼻子等部位一样的“识别心理活动”的技能。很多时候，在你张嘴、闭嘴之间，就流露出了你内心的真实想法。

在上一节里我讲过阿晋的故事，其实在他身上还发生过一件有意思的事。两年前，阿晋侦破了一起“买凶杀人”的要案——

A 先生是一家按摩器械公司的老板，他公司里有个高材生——一个编程精英。之前这个才华横溢的小伙子改装了公司里一台旧的按摩椅，不仅成本省了一大半，而且运作方式都是依靠网络，特别新颖。A 先生想，如果把这台按摩椅推广发行，自己的事业也能恢复起色。可他千算万算也没想到，自己的竞争对手 W 小姐竟然大手笔地挖了他的墙角，高材生带着他的策划案跳槽去了 W 小姐的公司。A 先生越想越生气，除了生气以外，他还很担心，最近几年 W 小姐一直都在打压他的公司，如果那台联网按摩椅顺利推广，那他的公司将会受到很大影响，要是 W 小姐再落井下石，公司可能会运营不下去。

于是，他想了一个非常阴险、狠毒的办法，他花大价钱雇了一个司机，让他在一个下雨天，趁高材生一个人的时候开车撞死他。

一切都按照计划进行。车祸发生后，司机弃车逃逸。警察追查了一个多星期才查出这起案子的始末，对 A 先生进行相关调查。又过了一个多星期，警方终于在越南抓住了肇事司机，并带回警局进行调查和审讯。起初，这个司机什么都不肯说，一副“拿人钱财，替人挡灾”的样子。

到了第二次审讯时，阿晋一进审讯室，就开门见山地说：“我知道幕后真凶不是你。你现在指证他，你还有机会判得轻点。”

“没人指使我，我也不是什么凶手，我是不小心撞了他，我太害怕才逃走的。”

开始时司机不为所动，可阿晋抛出指证他是凶手的证据越来越多，他开始慌了神。

“你说这是意外，可你老婆的银行户头上为什么平白无故多了 80 万？而且汇款人还是 ×× 公司的会计？”

“为什么给你订机票的人也是 ×× 公司的人？”

“机场的摄像头拍到了你和 ×× 公司的职员见面，他来干什么的？递给你的是什么？是不是机票？”

“你的儿子刚上小学二年级，你不希望以后没办法再见到他吧？”

接着，在一连串的问题中，司机的回答漏洞百出，前言不搭后语，他时不时地舔舔嘴唇，似乎空气十分干燥。

“能，能不能给我一杯水？”他舔着嘴唇问。

“不能。我的老师说过，人在心理极度紧张的情况下就会感到极度口渴，如果这时给你一杯水，恐怕……”

不等阿晋说完，司机已经放弃了挣扎，将前因后果说了出来，真相与警方之前调查的一样，A先生和肇事司机都受到了应有的惩罚。

阿晋说，当他抛出第二个证据时，司机已经备感压力了，因为他开始无意识地舔嘴唇。接下来的十几分钟，恐怕是他最煎熬、最漫长的十几分钟了。看到他焦躁、口渴的表现，阿晋知道，距离真相已经近在咫尺了。

嘴巴是人体五官中最具有表现力的器官，而且不同的动作还能反映出不同的心理活动。下面就让我们来看看嘴巴动作的心理反应。

【抿嘴：“一字型”嘴巴】

通常来说，我们在放松的情况下嘴巴呈闭合的状态，不过，在一些关键、特殊的时刻、场合，有的人会不自觉地把嘴巴抿成一条直线。比如，在当领导提出问题、讨论方案、倾诉重要客户的诉求时等。

之所以会出现这样的表情并不是没有缘故的，而是因为他们的内心正在发生变化——当对方出现抿嘴的表情动作时，则说明此刻他们正在思考问题或在心里做出了某个决定。

经常表现出抿嘴动作的人，一般来说他们拥有坚韧、勇敢的性格，敢于承担责任，有一股不怕输、不怕吃苦的劲头。通常，当领导、上司看到下属做出这一表情时，即使他们不懂得微表情心理学，也会对这一类人表现出好感，因为这个表情能让人感觉到“我在认真听或认真思考”。如果领导恰好善于观察微表情，那么一些重要的任务也会责无旁贷地交给他们去做。

【舔嘴唇：为什么他会感到嘴唇干燥】

当我们感觉到嘴唇干燥时，会下意识地舔嘴唇，借以唾液来湿润嘴唇。不过，非自然条件的情况下，当我们看到对方频繁出现舔嘴唇的动作时，还要分析他这一表现的原因。

事实上正如上文故事中所说，当人心里感到紧张、慌张、不安时，会对水产生一种强烈的渴求，这时他会频繁做出舔嘴唇的动作。当你看到对方出现这一动作时，便可知道此刻他的内心正在接受某种煎熬，故而阿晋果断地拒绝了嫌疑人想要喝水的请求。

当然，在现实生活中，我们不会遇到和阿晋一样的情况，如果对方表现出舔嘴唇的动作，可视为他正在为某件事感到紧张或焦虑。如果对方是你的朋友或同事，那么你可以递给他一杯水，给予他一些鼓励和宽慰，来帮助他恢复平静。

【咬嘴唇：暗示我在反思】

在与人沟通的过程中，如果对方不是习惯性地做出咬嘴唇的动作，当你看到他用上牙齿咬住下嘴唇时，这说明他正在认真地听你说话或正在反思自己的行为。

一般来说，女性会比男性更多地使用这一动作，这是一种暗示自我反思的表现。比如，当某人受到批评或指责时，如果下意识地咬住下唇，说明她心里认同别人的批评，并在心里进行自我反思和谴责。

这一类人性格敦厚、老实，能够虚心接纳自己的不足，拥有敢于直面自我的勇气。和这样的人交往能够令人感到愉悦，而且引起争执、吵架的情况也较少。不过这一性格的人心思简单，讨厌虚伪、奸猾之人，所以与之交往要以诚心待之。

学会"听"鼻子"说话"

有的人觉得，鼻子既不像嘴巴那样拥有丰富的表现力，又不像眼睛那样能够传神达情，它能做出什么动作？如果你小觑鼻子的语言那就大错特错了。成语有"嗤之以鼻""寒心酸鼻""颦眉蹙頞"等，皆形容了通过鼻子的动作反映出的心理活动。

就拿"颦眉蹙頞"来说，它的意思是紧皱眉头、缩着鼻子，形容人一脸愁苦的样子。由此可见，鼻子也有弦外之音。那么，我们该如何听懂鼻子的语言呢？

【耸鼻子：你在生气吗？】

排除习惯性地做出耸鼻子的动作，在与人交往的过程中，如果对方在无意识的情况下做出耸鼻子的动作，则表示他对你的做法很不认可，甚至感到气愤。可能碍于情面或其他原因没有说出来，但是我们也不妨将这一动作视为心理暗示，停止刚才的话题，以避免两个人引起正面的冲突和矛盾。

如果对方性格内向腼腆，当遇到他人指责时也会做出耸鼻子的动作，不过大多时候这不代表生气，而是表示内心的委屈和不满。虽然动作相同，但是由于人们的性格各异，所以具体的情况还有具体分析，不可一概而论。

【摸鼻子：你在说谎吗？】

心理学家研究发现，人在感到紧张时就会不自觉地出现摸鼻子的动作。这是因为紧张、焦虑等情绪会让人体内释放一种名为儿茶酚胺的物质，从而引起鼻腔内部细胞膨胀，这会令我们的鼻子感到轻微的不适，在这种状态下，人们就会不由自主地做出摸鼻子的动作。

绝大多数人在说谎时都会产生紧张、慌张等情绪，因此他们会无意识地频繁做出这一举动，这时我们就可以从他的话语中找出漏洞，从而判断出他正在说谎。当然，我们洞悉一个人的心理活动并不是为了让对方在公众面前下不来台、颜面扫地，而是为了促进彼此的沟通和交往。因此，当我们洞察到对方在说谎时，不妨因势利导，让他说出内心的想法。

此外，值得注意的是，对花粉、动物毛发过敏者、感冒群体，以及鼻炎患者也会因鼻子不舒服而触摸鼻子。所以，当看到他们摸鼻子时，不可主观性地判断——“哦，他摸鼻子了，他刚说的话一定是假的。”

当然，如果你是一个细心的人，当发现同事、客户等在非紧张状态沟通的情况下触摸鼻子，也可以使用逆反思维——如果桌面上摆放着附着花粉的盆栽，那么，“他可能会花粉过敏。”此时你可以帮助他搬移这盆花；如果正值换季时节，那么，“他可能患了季节性感冒。”此刻，你可以对他人关切地问候，如此对方会觉得你是一个细心、善良的人，这对促进彼此之间的交往起着很大作用。

电视剧《宫锁心玉》曾收获相当高的收视率，一度受到广大观众的好评。除了影视题材吸引人、演员选角合适以外，我觉得这部影视作品能够被称为“良心剧”，还在于导演、演员在塑造人物时设计的小细节。

剧中有这样一个桥段：一个名叫花影的女孩，因为容貌酷似女主角晴川，所以联合十三王爷设计了一场“偷梁换柱”——她冒充晴川嫁给了八王爷，而真正的晴川则被关了起来。几经波折以后，晴川脱身见到了花影，两个人的确长得一模一样，单从容貌上来分辨实在看不出来。

因此，八王爷的母亲决定出几道题目，谁能回答正确，谁就是真正的晴川。令人意外的是，两个人都能够对答如流。只不过，花影在回答问题时，虽然表现出一副志在必得的样子，却频繁做出摸鼻子的小动作，令人感到十分疑惑。

其实，花影的这一角色之所以会频繁出现摸鼻子的动作，这与她的心理活动有直接关联。当人感到紧张时，就会在不经意间做出这个举动。如果电视剧里的人物有谁懂得“读心之术”，恐怕不必等到她自露马脚，就能当场揭穿她的谎言了。

【吸鼻子：不一定是感冒】

通常来说，当我们患了流行性感冒时，会频繁做出吸鼻子的动作。不过，在特定的环境或情景下，性格胆小、缺乏自信的人也会做出这一举动。比如，领导召开会议，叫这样性格的人提炼方案内容时，他们在发言前会无意识地吸一下鼻子，似乎这样做可以暂缓或排解部分心理压力。

和这样的人交往时，要多对他们进行一些口头上的鼓励，当他们产生自我怀疑的念头时，你可以对他说："不，我觉得你做得很不错。当然，你还能做得更加完美。"如此也不失为一种笼络人心的方式。

【皱鼻子，我在生气】

如果一个人面容严肃、不苟言笑，同时做出皱起鼻子的表情，则暗示此时他对某人或事充满不满，给人一种轻蔑、高傲的态度。

【鼻孔张大，情绪高涨】

前段时间，网络上、微信上、微博上都出现了一组超火的表情包——《还珠格格》中周杰饰演的福尔康一脸焦急，瞪大双眼、张大鼻孔，嘴里高声喊着："紫薇！"单从图片、娱乐上来看，网友们脑洞大开，制作的一张张表情包充满喜感。但如果从心理学的角度来看，这组图片充分体现了"福尔康"焦急、激动的情绪。

那么，从哪里可以体现出"福尔康"的情绪变化呢?

是的，就是从演员张大的鼻孔。

心理学家研究发现，当人感到不满、激动的时候，人的神经就会变得紧张、兴奋，心律和呼吸也会加快，这时就会出现鼻孔张大的动作。所以，当你和别人交流时，如果对方的鼻孔张大，就说明他此刻的情绪是不满、激动的。此时，为了避免两个人的语言冲突升级，可以暂停沟通，给双方一点冷静、反思的时间。

听懂弦外之音是一种能力

现代社会的每一个人，都有自己的小心思，打着自己的小算盘。如果你能从对方的口吻、语言、表情以及肢体动作中窥探到他的隐秘心思，听懂他的弦外之音，那么你的社交能力将会大大提高。

欧阳修云："醉翁之意不在酒，在乎山水之间也。"其实不光欧阳修有醉翁之意，我们现代社会的每一个人，都有自己的小心思，盘打着自己的小算盘。如果你能从对方的口吻、语言、表情以及肢体动作中窥探到他的隐秘心思，那么你的社交能力将会被大大提高。

从古至今，中国人一直是含蓄、委婉的代表——相比于欧洲人的开放、火热，中国人更像一朵花苞半开的莲花，香远益清，婉转多情。这种含蓄内敛、委婉腼腆不仅体现在气质上，还体现在我们的生活之中、职场之中。

比如说，在《青岛往事》中有这样一个桥段：由黄渤饰演的青岛商人王满仓，雇用德国人弗利希为店里的伙计，令人艳羡的是，弗利希不仅待遇丰厚，而且他的工作居然是到酒吧、咖啡厅享受生活。他的英国朋友非常羡慕，于是对他说："如果还有这样好的工作，一定要介绍给我。"

"没问题，但是我要两成的佣金。"

“当然可以。”

外国人在社交方面相比于中国人要简单粗暴许多，如果换作中国人提出这样的要求，那情景将大不一样——

前段时间我和张赢谈论起这个话题，当我提到中国人的含蓄时，张赢给我讲了这样一件事：

张赢有个老朋友，他们是小学同学，铁打的哥们儿，感情特别好，至今认识也有十多年了。大学毕业后，张赢就去当了小学老师，朋友做了几年小买卖，也是风生水起。可在去年，朋友的妻子意外踩空了楼梯，头部正好磕在铁栏杆上，当即陷入深度昏迷。检查结果因外伤引起的脑部淤血，做了开颅手术，这才挽回了生命。

从住院到康复，前前后后花了16万。妻子住院那段时间，朋友没心情也没精力照看生意，店面停业，流水大减，可这房贷、车贷、家庭的支出却一样不少。那天张赢接到他的电话，说两个人一块出来喝点儿。

见面时，朋友不复往日意气风发之态，几杯酒下肚以后，他感慨说：“日子过得太快了，这一晃，咱们也有两三年没见了。”

张赢说是，这几年朋友一直忙着做买卖，他们能好好坐下来吃顿饭的机会都少。

“嫂子身体好些了吗？你之前怎么不跟我说这事，不然我也能帮着你。”

“康复了。嗨，知道你家里事也多，出事的时候不告诉你，就是不想你再往医院跑。”

两人喝了一杯又一杯，话说得也越来越多，张赢听着听着，发觉朋友情绪越来越低落。

他说，这两年生意也不太好做了，竞争太激烈，自己也很久没有好好休息过；自从老婆出了意外，他就没有心情工作了，做手术的那几天，他天天在病房守着，儿子才上二年级，也指望不上他能做什么，不让自己操心都难啊；一次手术把大半个家底都花出去了，今年他想做笔投资，前段时间跟几个生意伙伴借钱，却都被三言两语打发了。

“我手里有些钱，你先拿着用吧。”张赢知道朋友遇到难处，没多有少，打算给他拿点钱。朋友干了杯酒，只说不用了，用的话以后会跟他开口的。

两人喝的差不多的时候，张赢还是往朋友账上转了 4 万块钱。临走的时候，朋友道了句谢，又说：“我是真的没办法了，我要是还有办法，也不能跟你张这个口……”

说完这件事，张赢对我说：“他话说到那儿我就知道他有难处，他也不好意思开口，可当时我要是听了他的，我们俩的情义也要到头了。”

也许你会觉得，“这个人真虚伪，手头紧就直接明说，你不说要借钱我怎么知道是怎么回事？”

其实，张赢朋友说的话前后并不矛盾，他现在经济困难是真的，需要借钱是真的，可他不想麻烦或者说害怕被对方拒绝也是真的，所以他在谈话之间含蓄地表达了自己想法——如果张赢没能捕捉到他的弦外之音，恐怕两个人的友谊也要遭受考验了。

“听懂弦外之音”是一种基础的社交能力，很多时候我们在与人交流时，都会遇到这种情况——话说一半，不点透。会出现这种情况，除了中国人含蓄的特征外，还存在以下几种情况。

一、习惯说反话

有的人习惯说反话，尤其是在某些特定的情境下，比如在过年走亲访友时，作为长辈总要给小辈准备红包，这时不管是孩子还是大人，都会义正辞严地一口回绝，“不，我不要！”在环境安静的公共场合，当有“熊孩子”吵闹不止，而父母又无力阻拦，只好对其他人说：“小孩子不懂事，多担待，多担待。”“哦，没事，小孩子活泼才有趣呢。”

事实上他们的想法真的如此吗？显然不是——“这个红包我想要，可我不这么说妈妈会骂我不懂事！”“呵，多担待？你知道孩子不懂事还不好好教！”

二、不好意思说实话

绝大多数人都遇到过这种情况，当别人问你一些不好回答的问题时，明明你有自己的想法，可碍于情面还是不得不说一些假话，或将话题引到别处。

三、说话藏头或藏尾

这种情况还可以再细分两种——一种是习惯这种说话方式的人，另一种出于试探、怀疑等情绪刻意“说一半”的人。

不管是“话说一半”，还是“藏头、藏尾”，还是不好意思说实话，一个人这样说话总有他的道理，而我们通过他的说话内容、语气、神情，听懂他的弦外之音，才能探知到对方的内心所想。这一“技能”可是我们在人际交往中的加分项。

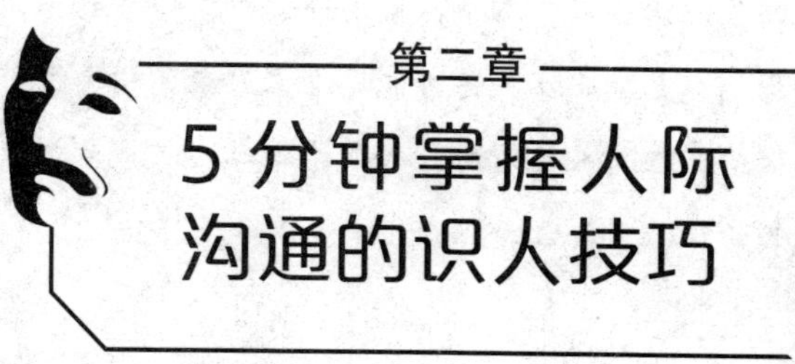

第二章
5 分钟掌握人际沟通的识人技巧

察言观色巧应对

我们与他人沟通时，很多时候也会说出不恰当的话，这不仅会影响自己的形象，还可能会在不经意间伤害或得罪别人。因此，在与人交流时，我们要学会察言观色，说出对方想听的话，它会让你在社交中更受欢迎。

一直以来，“察言观色”在我们的生活中、职场中都有着很大影响。这是因为我们的思想、态度都会在不知不觉中通过语言表达出来。除了在特定的环境下，比如演讲、谈判、辩论等，像在一般的交流、对话中，我们的注意力往往不能完全集中，尤其是和熟悉的人交流时，我们往往会放松警惕，处于一个比较放松的状态。这时候，我们很可能说出平时不会或不愿意说出的话，也就是我们常说的“口误”，而“口误”其实也是我们内心的隐秘情绪。

当然，除口误以外，我们与他人沟通时很多时候也会说出不恰当的话，这不仅会影响自己的形象，还可能会在不经意间伤害或得罪别人。因此，在与人交流时，我们要适度地控制自己的语言，小心被言语出卖；同时还要学会倾听和分析对方的原因，从中找出他们的隐秘心理，这也是社交的法宝之一。

我们常说“察言、察言”，可这“言”究竟应该怎么查，查到后又该如何应答？哪些话是别人故意设下的陷阱，哪些话又是对你真诚的赞美？可见，察言二字不是说说这么简单的。看过《红楼梦》的人都知道，贾家的二奶奶王熙凤是最会察言观色的厉害之人，凡是有她在的地方总是一片欢声笑语，她持家、管账，打点得井井有条，对贾瑞、尤二姐等生厌之人更是手不留情。只可惜最后落得一个“机关算尽太聪明，反误了卿卿性命”的下场。但与泼辣的王熙凤相比，依附在她身边的平儿更能体现察言的本事。

在《红楼梦》第55回中，王熙凤因为大病未愈，就把贾府管家的事宜交托给了三姑娘探春。探春性子刚烈又会读书写字，是个比王熙凤还要厉害的人物。只因她是一个姑娘家，又不是嫡出女儿，贾府上下一向是拜高踩低的，那些厉害的婆子、丫鬟都想来压制她，就连她的生母赵姨娘都急着给她添堵——她嫌探春只拨给她家二十两赏银，比袭人足足少了一半。她像个没了规矩的市井泼妇，扯着嗓子、叫破了喉咙，一味地说探春作践了她，她堂堂一个姨娘，身份还没有个丫鬟尊贵。气得探春与她闹了一场，言语间哭哭啼啼不止。

这时候平儿进来回话，听赵姨娘说出始末原委，立即想到是少了二十两银子的缘故，忙笑着解围，说：“奶奶说，赵姨奶奶的兄弟没了，恐怕奶奶和姑娘不知有旧例，若照常例，只得二十两。如今姑娘裁夺着，再添些也使得。”

平儿这番话本是替二人解围，不过探春心里有气，哭闹说：“你主子真个倒巧，叫我开了例，他做好人，拿着太太不心疼的钱，乐得做人情。”又指槐骂桑地数落平儿一顿。要是换了贾府里其他的人，恐怕不是气得嘴歪眼斜，就是哭得梨花带雨了。

过了一会儿，宝钗也来拜访，此时探春刚才的气已经消了大半，三人说话间，平儿听出探春话里话外对王熙凤颇有不满，认为是王熙凤想借她的手笼络人心，于是再说："姑娘知道二奶奶本来事多，那里照看的这些，保不住不忽略。俗语说'旁观者清'，这几年姑娘冷眼看着，或有该添该减的去处二奶奶没行到，姑娘竟一添减，头一件于太太的事有益，第二件也不枉姑娘待我们奶奶的情义了。"

其实，赵姨娘大闹之事无非是想多要些银子，可如今探春当家，要是不按规矩办事恐怕会落人话柄，以后各房的奶奶要议论她偏袒自己家。平儿本意是帮着说情，添一些银子也没人说些闲话。这话赵姨娘听了自然喜不自胜，连连感念二奶奶。这下子探春心里不乐意了——噢，我现在不按规矩办了，一边各房的奶奶得说我偏私，另一边赵姨娘也不记我的人情，人情反倒被你王熙凤赚去了！

就从探春的一句话里，平儿就洞察到她的心事，于是在后来才会再劝她，"以前的规矩是以前的规矩，这规矩总有不合适、不近人情的地方。如今探春姑娘当了家，看着用银子的地方哪里该添减就添减些。你这么做了，不仅对太太有好处，以后太太也不会责怪二奶奶。"平儿的这一番话，动之以情、晓之以理，既解决了赵姨娘的问题，也消除了探春对王熙凤的误会。

可见，"察言"不光是察觉问题就可以了，还要想出解决问题的对策。那么，我们如何辨别对方言语中的隐秘呢？又该如何应对呢？

【夸你的话，别完全当真】

众所周知，每个人都喜欢听被赞美的话。比如，"你穿这身衣服真是太好看了。""这篇文章写得可真好！"，等等。不过，并不是每一句话夸人的话都是发自内心的赞美——很多时候，当你把一件事做得特别糟糕时，对方为了给你留点情面或不想过分苛责你时，也会说，“小子，你可以啊！”“真行啊，做得可真好。”

这时你千万不要以为，“啊，真没想到我把事情搞成这样他还夸我，难道他真的那么欣赏我吗？”事实上，对方言外之意是——太糟糕了，但我想给你留点面子，好好改进吧！

【说话说到一半】

绝大多数的人都遇到过这样的情况，一个人兴冲冲地和你说话，可没说两句突然又打起哈哈，你问他“到底想说什么呀”，对方却说“哎呀，没事，没事”或岔开话题。这时候，我们往往觉得摸不着头脑，不知道对方葫芦里到底卖的什么药。

其实，别人欲言又止是有原因的。大多数情况下是他想要跟你说某件事，但碍于环境或其他人不方便说出口，不得已只好打住话头。这样的人做事进退有度，懂得察言观色，知道在什么场合说什么话、不说什么话，所以和他们交往时你会觉得轻松很多，因为他们不会坏你的事。

此外，值得注意的是，当对方欲言又止的时候，切不可因为好奇心过重而逼着对方继续说完。当然，如果你几次询问，对方也会头脑灵活地编纂一些无关紧要的话说给你听，但你可能因此错失了背后话题的重要信息。

【口若悬河有弊端】

说话口若悬河、滔滔不绝的人充满自信，他们大多“成也自信，败也自信”——成，他们性格直爽、社交能力强，舌灿莲花，往往能通过“说服力”获得他人的信任和支持；败，由于他们过于自信，所以常常不顾及别人的感受，说起话来没完没了，大事小事都喜欢跟别人唠叨一下，而且大多时候对方都听烦了他们也不自知。

和这样的人交往时，要有充分的耐心，因为他的“长篇大论”常常会令你觉得厌烦。不过，他们并没有坏心眼，所以交往起来也不用过于刻意。

识别性格的关键信息

人的性格千差万别，不同性格的人思维模式也不同，而我们对他人不小心的冒犯，也很可能会在彼此之间设立起一道难以逾越的鸿沟。因此，了解对方的性格是很重要的。

有人说，性格决定命运。其实，客观来说的话，性格决定的不是命运，而是脾气和行为。回忆一下，和性格敏感的人相处时，是否有过被对方曲解的经历？比如，你无意中说出一句话，她却觉得你在讽刺她，从而对你产生不满情绪。

人们的性格千差万别，不同性格的人思维模式也不同，而我们对他人不小心的冒犯，也很可能会在彼此之间设立起一道难以逾越的鸿沟，那么，我们又该如何去了解对方的性格呢？

最有效、最容易被他人接受的方式就是——沟通。

很多人在与人交流时，都遇到过这样的问题——我和 A 志同道合，但和 B 却话不投机，故而认为，“哦，我跟 A 适合做朋友。”

事实上，即使我们与他们的兴趣、喜好大不相同，也可能和对方友好相处，甚至成为关系密切的朋友，只要你具有识别他人性格的能力。如此，你不仅能够避开对方的“情绪雷区”，甚至还能掌握交往过程中的主动权。

想要识别他人性格最直接、有效的做法就是——从对方经常说起的话题识别其性格的关键信息。

如果你仔细观察周围的人就会发现，经常讨论或聊起体育话题的人，他们乐于参加一些体育活动、竞技活动，当遇到一些比赛时也都乐于参与，这时你就会发现，他拥有许多你没有的东西，比如专业运动鞋、护膝、护腕、发带等。事实上，如果你到他的家里去，还会发现他还有哑铃、弹簧拉力器等运动器械。

而喜欢聊明星八卦、时尚潮流的人，则对某明星的演唱会时间、新剧的上映、新拍摄的杂志封面、绯闻、行踪等问题了如指掌。当有她喜欢、崇拜的明星举办演唱会时，她连每一张门票的价格都记得清清楚楚。如果你关注她的朋友圈，可能在很短的时间内，你就能了解到——今年哪些明星代言了某品牌，哪个牌子的化妆品更好用，当下的时尚元素是什么，最新流行的衣品色调是浅褐色不是墨绿色。

如果你对经常讨论运动话题的人说："嘿，你知道吗？×××在节目中自爆他在健身呢！"可能对方会一脸疑惑地说："哦，真抱歉，我根本没有看过这档节目！"相反，如果你对一个经常聊明星八卦的人说："你觉得梅西和C罗谁更厉害？"大概她会回答："梅西？难道不是霉霉吗？没听说有新出道的歌手叫C罗呀！"

结果就是，非但没有拉近两个人的距离，还会在对方心里留下——"哦，我们不是一路人"的印象，这可不是一个好现象，因为在现时代这个注重人际交往的社会里，单一地和志同道合的人交朋友并不能帮助你在职场、生活上获得愉悦和便利。

那么，我们该如何掌握"话题中的关键信息"呢？

【体育话题：热情似火的性格】

一般来说，喜欢运动项目的人大多性格开朗、内心活跃，同时他们还具有积极向上、百折不挠的体育精神。这类性格的人待人接物都充满热情，和这样的人相处往往可以调动自身的积极性。

当然，并不是每个人都喜欢体育运动，如果你对体育项目不感兴趣，在和他们交往时，大可做一个倾听者——耐心地听完他的话题，并时时做出回应，让对方感受到“哦，他正在认真听我说话”，获得尊重感。这也是开启你们之间社交大门的第一步。

尊重是相当重要的，但是这并不意味着你要放弃话语权。在对方的话题告一段落时，你也要适时地引导他加入你的话题、参与你的生活，如此便可建立良好的沟通和交往关系。建立融洽的关系之后，相信如果你请求他帮助，他也会不计回报地帮助你。

【社会热点：进取而敏感多疑】

喜欢关注社会热点、时事新闻的人性格外向，聪明机敏，善于社交。由于他们关注时事新闻，所以很容易找到谈资或融入别人的话题之中。这类性格的人大多口才了得，你提到一，他便能接着说出二，所以和这样的人相处几乎不需要刻意寻找话题。因为很多时候，他们都会在不知不觉中迎合你。

当然，他们的“迎合”也不是一味的，他们也会适时地掌握主动权或和你交换主导权，可以说和这样的人交往是很轻松的。不过，所谓花开生两面，这些都是他们的积极面，他们还存在消极的性格表现——敏感多疑。

据相关资料显示，喜欢关注新闻实况的人大多对未来存在某种担忧感，这就好比《杞人忧天》故事里的杞国人，总是为未来的发展感到忧虑。而时时关注热点新闻，似乎能够让他们找到自己命运的转机。因此，当他们感到焦虑、不安或自我怀疑时，你可以多给予他们一些鼓励和支持，帮助他们恢复自信。

敏惠就是这样的人，她在一家海外房产公司做销售，或许是因为工作的关系，她和其他女孩不一样，除了关注娱乐新闻还经常关注社会热点。

有一回，客户在饭桌上提到雄安新区的新政策，敏惠接着这个话题和对方攀谈起来，不多时两个人就从社会政策聊到房价趋势，又从国内房价的涨停聊到国外的房产发展情况。

在敏惠头头是道的分析下，客户也觉得购置海外房产比国内房产更有利。虽然两个人当时没有合作，不过一旦这名客户有购置海外房产的意向，想必他一定会找敏惠合作。

【家庭话题：善良、本分的老好人】

经常聊家庭话题的人，说明他们拥有强烈的责任心。因为一个人最根本的责任，就在于家庭。这类性格的人不会急功近利，他们本分、善良，做什么事情都力求稳妥，是我们口中常说的老好人。

不过，由于这类人过于恋家，所以他们中的大多人从心理上相对缺乏事业心。如果领导交托给他们一些任务、工作，他们可以出色地完成，但如果让他做出什么抉择或决定，那么就有点难了。不过，聪明如你，知人善用这个道理，我就不在这里多说了。

【八卦话题：爱社交的大喇叭】

如果你是一个细心的人，就会发现从小到大，我们的生活里总有一两个这样的人——她们热心肠、爱交友，无论是在学生时代还是职场之中，都是出了名的“小灵通”，谁要是想知道点什么新鲜事，一准儿要去问她们。

不过，如果谁要是有点不想让人知道的小心思，第一个想要提防的人也是她们——尽管她们热心助人、善良友好，但她们身上存在一个致命的缺点，这个缺点既招人喜欢，又叫人讨厌。这个缺点就是“大喇叭”。

经常聊八卦话题的人，就有这样的特点，其中以女性朋友居多。这样性格的人少有心机，只是按捺不住自己那颗“怦怦乱跳”的好奇心，一有什么风吹草动，她们就像专业狗仔队一样，总能第一时间出现在现场。

她们大多都信奉这样一个原则：幸福就像八卦，分享就能×2。和这样的人交往你可以获得很多快乐，能够知道许多“小道消息”，比如哪个明星整容了，哪个部门的新同事结婚了，×××升职是因为走了后门，公司打算裁员了，等等。但同时，和这样性格的人交往也存在弊端，就算她们举手发誓，一本正经地说“如果我泄露秘密——灯灭我灭”，也不要轻易将心事诉之于口。很可能她们在和其他人交流时，因为一时嘴快或大脑短路，就将你说与她听的秘密公之于众了。

语速、声调有玄机

一个人说话语速的快慢、声调的高低，都与他内心的情感有直接联系。当然，在不同的环境、状态中，我们的语气也会大有不同。可见，声音也是察言中重要的一项。

除身体语言外，语言本身的含义也非常丰富，故而学会“察言”就十分重要。既然说到察言，就不得不了解语言中的小秘密，否则又如何通过察言来识别他人的内心想法呢?

我们平时在和他人交往、沟通的过程中，很多人都会忽略对方语言中的信号。除了说话的话题、谈资以外，仔细聆听对方说话的语速、声调的变化、说话习惯也非常重要。我们可以做一个假设，如果一个人像机器人一样复述一首《沁园春·雪》，这在我们听来毫无情绪、感情可言，但是如果他的语速、声调根据文字的情境而变化——“北国风光，千里冰封，万里雪飘”缓缓而读，“大河上下，顿失滔滔”声调抑扬顿挫，这时再听来就觉得这首诗充满感情和韵味。同样的道理，如果我们只听、分析对方的谈资、话题，而不注意他的声调和语速，也无法辨别他的真实情感。

一个人说话语速的快慢、声调的高低，都与他内心的情感有直接联系。当然，在不同的环境、状态中，我们的语气也会大有不同。可见，声音也是察言中重要的一项。那么，我们如何根据一个人的声音去找到洞悉人心的线索呢?

【语速识性格】

一、语速很快的人

有的人在说话时语速很快，好像他的时间非常紧张似的，恨不得像机关枪一样，不停歇地表达自己的想法，对方很难有插嘴的机会。尤其是在发微信语音的时候，别人需要15秒讲完的内容，他们可能七八秒就说完了。

这样的人性格外向开朗，思维敏捷、反应快，能说会道，善于社交。但是正是因为他们反应快、大脑转速也快，所以脾气也比较暴躁，容易生气、发火，固执己见、一意孤行。在和这样性格的人交往时，你要学会适当地插话，在他讲述一件事停顿的时候，就要插入你的话题，否则他会很自然地只讲述自己感兴趣的话题，而忽略你的感受。当然，在他讲述一件事时，你要耐心地倾听，不可在他刚说没两句话时就打断他，否则他会一脸怒气地质问你:“你到底还让不让我说话了? ”从而使两个人闹得不愉快。

二、语速很慢的人

有的人说话像连珠炮弹似的，中间没有间隔；有的人说话却像爬行的蜗牛，慢吞吞的。同学白雪说话就是这样，不论大事、小事她说话总是不紧不慢的。前段时间她和我在微信上聊天，说起她们公司最近的人员调动——策划部门的两个同事辞职了，主管不打算招聘新职员了，打算从文编部门调两个编辑。白雪就是其中之一。

当主管跟白雪说换部门的事时，白雪说想先考虑一下，主管也应允了。

白雪一直在文编部门，但文字编辑的工作量比较大，她也想借这个机会调到策划部门去，可又一想，自己没有这方面的经验又怕自己胜任不了，到时候既调不回来，也做不好工作，又该怎么办？

于是，她下班后就在微信上和我说起这件事。当时她给我发了二十几条语音消息，每条都在40秒钟以上。我点开听了两条语音，才了解到她们单位最近人事有调动。我看着还有那么多条语音消息顿感头疼——她说话慢，还啰唆，非要讲出个人物关系、前因后果。没办法，我只好依次把消息点开，没听完一半就点开了下一条。而有意思的是，这丝毫不耽误我对她讲述的整件事情的理解。当时我就在想，这得亏是些鸡毛蒜皮的小事，要是哪天她和我说起什么要紧的事，我肯定着急死了。

这样的人大多都是慢性子——说话慢、做事慢，思维、行动力常常比别人慢上一拍半拍的。他们大多性格敦厚、温柔善良、思想保守、原则性强，但是缺乏主心骨、耳根子软，容易被他人说服。

很多人，尤其是性格急躁的人，在和慢性子的人交往时往往感到很疲惫，因为他们不管做什么都一副慢条斯理的模样。比如，让他递一把剪刀，急性子的人以为已经拿过来了，结果发现他还没找到呢！这时，心里就会升起一股无名火。

所以，在和这样的人交往时，我们自己要控制自己的急脾气，尽量不拜托他们去做一些紧急的事情，如果这件事非他去做不可，也要在第一时间告诉他，这件事情非常重要，绝不能有半点拖沓，以此来促进他们的行动力。

三、语速突然转变的人

通常来说，每个人在放松状态下说话时语速都是固定的——与平常说话的语速别无二致。但是如果一个人平时说话慢条斯理的，说到某件事时突然加快了语速或变得吞吞吐吐，这就表示他对某件事感到不满或自己做了什么坏事。

这是因为转变语速是一种不自觉的行为，当一个人内心感到慌张、焦躁，无法冷静的时候，他的语速就会有明显的改变，这也是我们依凭语速识别人物性格的方法之一。

【声调识人心】

一、温声细语的人

我少年时候说话声音就很小，尤其是在嘈杂的公共场合，我的声音常常被其他声音盖过，在和收银人员询问价格时，对方也每每会一脸迷惑地问:“你刚才说什么？”然后我尽可能地大声重复一遍我说的话。尽管如此，收银人员的脸上还是浮现出迟疑的表情，复述一遍我说的话，以此来确认我们交谈的内容。

这是因为，我的声音太小了。

我母亲每每看到这幅情景，都会皱着眉头责怪我:“你的声音跟蚊子一样，谁能听清楚？”对此我也很是无奈，面对母亲的责备倍感委屈，因为从我的视角来看，我已经尽可能洪亮地回答了对方。

随着年龄的增长以及被反复询问“你说什么？我听不清楚”，这让我渐渐地改正了这一习惯，那么，为什么年少时的我不敢，也不习惯大声地表达自己的想法呢？

因为当时我的性格很内向，缺乏自信，做事优柔寡断，与人交往时常常怕自己会说错话、回答不到位，因此在人多的场合时我总是尽可能不发表自己的意见，当与别人意见相左时也不太敢说“不，我不赞同”。久而久之，在与人沟通时就出现了“沟通障碍”——我说的内容大家听不清楚，反复追问下，自己也很内疚觉得耽误了别人的时间。

当我意识到这一点以后，也渐渐明白大声说话不会影响到别人；相反，那种“细弱无声”的沟通才会浪费双方的时间。

说话声音过小这并不是一件好事，如果你也有和我一样的困扰，那么不妨给自己一些鼓励，勇敢地说出自己内心的真实想法，即使你的见解并不十分到位，对方也会因为能听清楚你的表达而对你提出指点和意见。

二、见人说人话、见鬼说鬼话的人

相信你的身边一定有这样的人，他平时说话大咧咧的，但在和某人说话时突然又换了一种语气。而他变化的语气则会根据对象的身份而定。比如，见到领导时说话谨慎、声调温和；见到可能帮助自己的人时，语气客气，言语间流露出关心之态；见到得罪自己的人时，语气中则充满不屑，声调也变得奇奇怪怪。

这样的人性格圆滑，注意，这里的圆滑并不是指奸猾。或许他们其中有的人奸猾狡诈，但我们并不能因此而“一棒子打死一片人”。能够见人说人话，见鬼说鬼话说明他们心思细腻，善于用人，这是他们的优点。同样，他们也因此存在着缺点，常常趋炎附势，对待能力比自己差的人总是不屑一顾。和这样的人交往时，需要尽可能地容忍对方的缺点，否则你哪句话说到了他的痛处，他就会立刻反唇相讥。

【说话习惯识人】

一、吐字发音不清晰的人

在现代社会中，大多数人都在说、在学习普通话。这是因为普通话吐字清晰、简明易懂，尤其是在北方地区和职场之中，人们在交谈过程中很少有人会使用方言。前段时间，撒贝宁在《我是演说家》的节目中，以《北上广爱来不来》的题目进行演说，其中的一个观点就是：对于来到大城市发展，你是否具有良好的沟通力。这个沟通力指的不是你能不能舌灿莲花，而是你能否流利地使用普通话。

我高中的地理老师曾因含混不清的说话习惯被我们吐槽很久。我至今都记得，高一第一节地理课时，他抑扬顿挫，充满不和谐语调地念道："地球，是一个球体……"——地字三声，球字四声，球体两字还拖着怪异的长尾音。课堂上顿时笑声连连，包括我在内的许多同学，都一脸迷茫地提问过："老师，您刚才说什么，能再说一遍吗？"

地理课可以说是最轻松、最自在的课程了，因为老师的普通话不过关，大多数的知识点、笔记都是由课代表抄写在黑板上。常常有同学窃窃私语、嬉笑，但大家都会以"听不懂"为理由，对地理老师的约束不屑一顾。时间长了，就连老师自己都放弃了，任由同学们在课堂上"活跃"表现。

至于大家的地理成绩，结果是显而易见的。

发音不清楚的人可分为两种——一种是因常年的方言习惯所致，另一种是缺乏自信，甚至心理自卑，他们害怕自己发音不标准会被人嘲笑，越不敢说就越发没有进步，久而久之，便形成了恶性循环。

以我的地理老师为例，他是因为常年以来没有改变乡音所致，每当同学听到他古怪的发音，就会笑声连连或一遍遍询问说了什么。长此以往，老师的自尊心和耐心都受到了打击，故而有一种“破罐破摔”的心理——随他们去吧，听得懂就得了，听不懂就算了。

其实，如果老师从一开始就没有回避这个问题，尽可能地学习或纠正标准的发音，也许到我们那一届时，他就可以字正腔圆地讲课了。

如果你存在和我地理老师一样的困扰，不妨勇敢地重复自己的话，尽可能让别人听清楚、听明白，长此以往，总能克服自己的语言障碍；如果你身边也有话音不清晰的人，那在和他们交往时，切不可报以嘲笑、看热闹的心态，因为他们已经因此缺乏自信、性格也处于弱势，你的嘲讽会深深刺痛他们的尊严和灵魂。

二、说话不得体的人

这个世界上，有会说话的人，就有不会说话的人，而且不会说话的人还不在少数。比如，甲自己修剪了刘海，看起来十分难看。结果乙不假思索地说：“快去理发店重新剪吧，跟狗啃的一样。”形容难看可以有很多词汇，不好看、不适合等，没有必要一定要如此生动、形象的表达。

经常出现以上情况的人性格过于直爽、散漫，往往会给别人一种缺乏同理心、不值得信任的感觉，也容易让别人产生厌恶的情绪。在和这样的人交往时，我们自己要豁达一些，不需要过分计较他说话的内容。

用小动作笼络人心

《三国志》中有这样一句话："用兵之道，攻心为上，攻城为下；心战为上，兵战为下。"其实，与人交往和征兵出战是有一定相通之处的，如果你能从心理上瓦解敌军，那么将不费吹灰之力就可攻下城池；如果你能够俘虏周围人的人心，那么你的生活、仕途也会更加顺利。

众所周知，世界上最难懂的、最难收获的就是对方的心。比如说，你今天穿得很漂亮，丙看到你以后赞美你的状态很好，但你却不知道她心里会不会对你嗤之以鼻——"整天穿得那么花枝招展的，是上班来了，还是走秀来了？"

有的人为了在职场中如鱼得水，就会选择送出一些小礼物，甚至投其所好，以便拉拢人心。但是这样做如果能拉拢对方的心，自然是喜事一件，可如果没有做到，反而会让他和周围的人对你产生误会——溜须拍马、拉帮结派，这在社交中、职场中是很大的忌讳。

袁莉就犯过这样的错误。那时，她托关系去了一家知名的广告公司，在林总监手下做助理。林总监 30 岁出头，性格要强、做事一丝不苟，是出名的精明人。或许她现在拥有的一切都是自己一点一点挣来的，所以她对走门路的袁莉不是很欣赏，心里很不喜欢她。

袁莉自己也感觉出来了，为了能讨林总监的欢心，她留意到林总监喷的香水品牌，于是特意买来包装好，在下班以后放到了总监的办公室。

第二天，总监一眼就看见了桌子上的香水，也猜测到是袁莉动的歪脑筋，于是就叫袁莉到办公室里来。她敲了敲桌面，直截了当地问："这是你放在这儿的？"袁莉赶紧赔笑说："是呀，我见您喷的是这款香水，就特意……"

"行了，拿回去吧。"不等袁莉说完，林总监就不耐烦地打断了她。

"我想着您喜欢……"

"我告诉你，袁莉，我最讨厌那些虚头巴脑的东西，你来这是干什么的？你要是来上班的，回去该做什么做什么，别一天到晚把心思用在歪地方。像你们这样的小姑娘我见多了，真本事一点没有，全靠歪脑筋。去，拿上你的东西，回去工作。"

这番话让袁莉彻底崩溃了，她讪讪地拿上东西，退出了总监办公室，心里充满怨气："你们这样的小姑娘、你们这样的小姑娘，你知道我是什么样的？要不是你不器重我，我能出此下策吗？"后来袁莉实在受不了林总监看她的眼神，尽管林总监并没有其他意思，可袁莉总觉得她在暗示她很讨厌自己，最后辞职了。

其实，想要赢得一个人的好感，最有效、简易的办法不是送礼物，尤其是在和同事、领导相处时，这会给人一种"不干正事""满脑子歪心眼"的感觉，不仅会影响自己的口碑，还会错失收获人心的机会。事实上，我们通过一些"微动作"，也可以收获别人的好感，而且这种好感是发自内心地认为，你是一个很不错的人。

【整理办公桌面】

很多工作的朋友办公桌面都是乱七八糟，资料堆放在一角，每当要找那份文件时，总是焦急地一叠一叠翻阅，嘴里还会说着：“等下啊，马上就找到了。”如果你能养成时时整理桌面的习惯，就会熟悉每一份文件所在的位置，也可在第一时间找到并交给对方。这一行为还会给人留下利落、条理分明的印象，领导也会觉得你可担大任。

【轻拍他人的肩膀】

如果你是管理层人员，在和下属沟通以后可以轻轻拍一拍对方的肩膀，这会拉近你们之间的距离。

【按电梯关闭灯】

当你和领导或同事、朋友同乘电梯时，在电梯开门后你可以伸出手挡在门口，这样可以避免电梯因感应不灵敏而出现闭合情况，会给人留下细心、关心他人的印象。

【在他人要求前，接过他人手中的物品】

在和同伴出行时，我们可能会因为想要整理衣服或其他原因需要暂时放下手中的东西，有的同伴，尤其是刚认识的女同伴会因不好意思、害怕拒绝不提出“你可以帮我拿一下吗”这样的要求，这时你可以及时接过同伴手里的物品，等同伴做完事情后再还给她。

【眨眼睛】

眼睛是心灵的窗户，它能够帮助我们传递最真实的信息。当与人交往时，我们要想获得他人的好感，不妨借助“眨眼睛”的小动作，通过眨眼睛来告诉对方，“我很信任你，并且欣赏你。”不过，眨眼睛的动作在他人眼中看来有些俏皮，如果是年纪稍大的人甚至会觉得有些顽皮、幼稚，不过这确实是消除紧张、尴尬情绪的办法之一。

【搓手掌】

心理学家研究发现，当人内心感到愉悦、充满自信，或期待有什么美好的事情发生时，就会无意识地做出搓手掌的动作。在他人眼中，这一动作也可被看为“激动”“兴奋”“活跃”的心理情绪。

无论是生活中，还是工作上，绝大多数人都喜欢和积极向上、乐观开朗的人交往。在社交过程中，我们不妨借“搓手掌”的小动作向大家表明——嘿，我是个乐观的人，和我在一起，你们也会感到愉悦和舒服！

第三章

习惯背后藏着的惊人秘密

识别动手前的表情征兆

孙子云："知己知彼，百战不殆。"这句话的意思是，如果对敌我双方的情况都可以详细地了解，就可以让自己立于不败之地。那么，我们该如何了解别人的心思呢？

最近新闻中频频报道，某城市地铁大爷掌掴男孩；两名男子在停车收费站大打出手；闺蜜情变，女子将另一名女子推下楼梯。尽管事件发生的原因千奇百态，当事人的性格也存在差异，但相同的是，受害人都没有在第一时间避开或避免对方的强势攻击。究其原因，是因为我们对人类的心理反应缺乏解读。

在我的学生时代，父亲曾问过我这样的问题："当同学打了你巴掌时，你会怎么做？"

我不假思索地说："当然是打回去了！"

"如果你打不过他呢？"

"那我就跟他拼了。"

不出所料，我被父亲狠狠地斥责一番，他明确指出我的想法是偏激、不正确的。于是，我反问他："那我平白无故挨打了，难道让我忍气吞声吗？难道我要让对方欺负到我头顶吗？"

父亲答："错了。如果你不往危险跟前去，你就永远不会遇到危险；如果你不往人堆里凑热闹，你就不会被人打那一巴掌。"

从小到大，我听父亲最多强调的一个观点是，让自己安全的最好方法，就是远离一切可能引发危险的事物，就像河水永远不会溺死不会游泳的人，因为他们不会去靠近河水。

后来，随着我年龄的增长，社会交往也越发广泛，父亲修改了他的问题，他问我："如果有人和你发生了分歧怎么办？"

我回答："如果我是正确的，我会想办法说服他。"

父亲说："错了，你应该避免和对方发生口角和争执。因为口角争执是在为怒火'蓄力'，当蓄力到一定程度时，两个人的矛盾就会升级，甚至不需要导火索，也可能会大打出手。心理学家将人们矛盾升级，对威胁自己的信息源产生的对抗情绪称为攻击反应。换句话说，愤怒是产生攻击反应的前提。"

美国的一位心理学家在对人类的愤怒情绪进行研究后发现，当人们产生怒意后，身体会不自觉地进入备战状态：眉毛压低并皱起，眼睛瞪得滚圆，下眼睑紧绷；面颊肌肉紧缩，鼻孔张大；嘴巴抿成一条直线，下颚靠前，撅起唇部；上下牙齿紧紧地咬合；身体前倾，肌肉紧绷，可能会出现握拳或微微颤抖。

在动物界，猫科动物产生敌意或气氛情绪时，它们会竖起身上的毛，呲着牙齿，发出呜呜的警示声音，似乎在说："离我远一点！""我要开始攻击了！"这是动物的一种狩猎本能。事实上，不光动物存在这种狩猎本能。在远古时代，我们的祖先也存在这种狩猎本能，而这种本能意识，即使时过千年，也依然残留在人们的基因里，只不过是攻击反应不同罢了。

回想一下，当别人做出什么动作时，会令你产生敌意或被侵犯感？相信，绝大多数人的答案都是：当对方用手指着我的鼻子时！

用手对某人指指点点是一种充满攻击性的行为，当你做出这一动作时，说明此时你的内心已经进入备战状态，而对方心里对你不满的情绪也进一步加深。

住在我楼上的阿姨退休之后，性情就变得暴躁起来，似乎生活中的琐碎小事都令她感到不满或不如意。我时常能看到她站在楼下，和身边的邻居抱怨，楼道二层的灯坏了一个星期物业没来修理，今天蒜苔涨了三毛钱，小贩连两毛钱的零头也不肯抹去……她嘴里唠叨着，两只手在空气中指指点点，让她整个人看起来格外滑稽。其实，楼上阿姨指指点点的动作，是在埋怨生活中的不顺，这就是一种攻击。不过，由于她并没有明确指着某一个对象，所以也不会令其他人感受到强烈的被侵犯感。

人们会因为某些事物，产生紧张、不满、愤懑等负面情绪，随着负面情绪的积累，进而形成攻击意识，不过，攻击意识只是蓄力的一种变现，当人们的内心承受不住，或者说，冲动占据清醒的大脑时，就会演化成攻击行为。不过，人类的产生情绪的原因是多元化的，所以当你的身边，有人流露出埋怨、不满，甚至厌恶等情绪，或他们的微动作对你抱有攻击、拒绝的含义时，我们不要立即同对方化友为敌，因为仅以他人的情绪、动作判断一个人的感情，是不准确的，也是带有偏见色彩的。

那么，我们如何区分一个人对自己是否存在敌意或即将展开攻击行为呢?

一、脸色

我们常倡导一种“心如止水”的境界，喜怒不形于色。但是，大多数人都是平凡的人，很难做到心如止水，脸色的改变是我们判断一个人情绪变化的最好办法。

一般来说，人们的脸色会发红、发白、发青，所以说，绝大多数人在产生攻击行为前，都是有迹可循的。而且，一个人的脸色变化，也能反映出他的心理活动。举个例子，在京剧中，曹操的脸谱主色调为白色，也就是人们所说的“白脸”，而关羽的脸谱则为“红脸”。这是因为曹操手段狠毒，长行阴险狡诈之事，更有名言“宁教我负天下人，休教天下人负我”，其自私心理可见一斑，因此曹操的脸谱是代表奸猾的白脸，遇难事脸色发白者，大多勇气可嘉，善于谋划。而关羽义薄云天，滴水之恩当以涌泉报之，故而在华容道放走曹操，以报当年曹操的惜才之恩，因此关羽的脸谱是代表方正、勇气、热血的红脸，遇难事脸色发红者，大多热血沸腾、有勇知方。

二、情绪

在产生攻击行为前，人们通常会流露出以下两种情绪：紧张和兴奋。

对于很少和人动手，或者被迫和人动手的人来说，他们会感到紧张不安，这是因为他们对自己缺乏信心，从而造成过失行为或无规律行为。

美国加州曾发生过这样一起抢劫案：迈克夫妇是两名抢劫犯，他们一直瞒着自己的儿子在加州各个银行作案，他们计划缜密、行动迅速，一度令警方非常头疼。儿子 16 岁时，迈克将自己和妻子的真实身份告诉了他，并打算培养他成为一名出色的罪犯。由于儿子从小和迈克夫妇生活在一起，他缺乏正确的是非观念，认为犯罪是一件酷毙了的事。于是，他主动要求和父母一起行动。

在一个星期四，迈克夫妇策划抢劫“美洲银行”，作为儿子新人生的起点，可没想到，一向机敏的儿子进到银行竟紧张起来，他两条腿止不住地打战，手里一个不稳，就把手枪掉在了地上。银行的警卫发现后立即逮捕了他，迈克夫妇救子心切，当即开枪打伤了警卫，试图救出儿子。可是，鸣枪的声音惊动了外界，不等他们逃出银行，警察已经火速赶到，迈克夫妇和他们的儿子将在美国的监狱里度过一生。

对于熟练攻击行为的人来说，他们不但不会感动紧张，还会为即将的战斗而感到兴奋，有的人甚至会在攻击前露出笑容，在这种情绪的作用下，他们认为攻击行为是一件令人愉悦的事情。导致人们对攻击行为感到兴奋的原因，可能是他们能在战斗中获取利益上的好处，也可能攻击他人可以满足自己的心理需求，而且他们对预期的满足感越强烈，就会感到越兴奋。

人们不会无端地发起攻击行为，当他人对你产生攻击意识时，背后肯定存在着某种原因。举个例子，在同一家公司工作的两个人，突然出现互相贬低、讽刺、刁难等行为时，极有可能是他们的某一行为使对方的利益受到了影响。此外，攻击行为除表现在表情和动作之外，它还能体现在人们的语言之中。虽然语言不是人们攻击的手段，但是进攻者咄咄逼人的姿态，是引发进攻行为的导火索，即使对方依然保持理智，但他的语气或使用的言辞也会有差别。比如，我们和朋友交谈时，通常会叫对方的乳名或昵称，但在产生攻击意识后，则会称呼对方的全名。

你的手劲儿出卖了你

在与人交往的过程中，手是我们最常用来传递信息、感情的部位。早在中世纪战争时期，人们就通过握手来表达的自己情感，若一个人对另一个人心怀不满，在他与对方握手的时候，就会不经意间流露他的心理反应。

在与人交往的过程中，手是我们最常用来传递信息、感情的部位。早在中世纪战争时期，人们就通过握手来表达的自己情感，比如像向对方表示友好，后来握手就成了一种较为普遍的礼貌举动。

通常，两个人在见面或分别的时候，就会以握手的方式表达情感，这一动作能够加深彼此的理解和信任。不过，这是建立在彼此双方互为友好的前提之下。因为，当一个人对另一个人心怀不满，他在与对方握手的时候，就会不经意间流露他的心理反应。如果你能迅速捕捉到他的这一心理，那就能有效地避免一些尴尬和陷阱。所以，识别“握手”背后的潜在信息是相当重要的。

【用力握手】

握手的动作看似简单，其实它隐藏着人们许多的心理活动。现在，你可以用自己的一只手轻轻地握另一只手，然后再加大力气，你会明显地感觉到手上的力度，这可以在一定程度上吸引别人的注意力。

不同的握手力度会给人留下不同的印象。大多喜欢用力握手的人性格热情、坦率，坚强、乐观，有比较强烈的表现欲。但是，如果对手握手的力度过大，甚至让你感觉得手痛，这说明他存在自负心理，渴望征服别人，遇事爱钻牛角尖。

当和对方握手时，如果他用力地握住你的手，你可以同样地加强手上的力度，以便向他传递你在尊重他的信息。当然，如果他将你的手握痛了，你也要用力回握，以示你不会被他挟制。

【匆匆一握】

有的人在与人握手时结束得很快。通常来说，这样的人头脑很聪明，待人也很友善，他们擅长社交，在生意场上也能如鱼得水。不过，老话说“聪明反被聪明误”，由于他们太聪明，往往会想得太多，内心不会轻易完全相信他人。和这种人交往时，要以诚待之，尽可能打消他对你的戒备和顾虑。

有的人握手结束得也很快，只是他们手上没有力度，这会给人一种敷衍、高傲的感觉。

美国有家知名的化妆品公司，它的每年销售额可高达三亿美元。而令人想不到的是，这家公司的成功的关键居然是因为一个小动作——握手。玛丽在创立公司之前是一家公司的销售员，有一回，公司的高层领导召开会议，这次会议整整开了一天，会议结束之际，销售经理和所有的职员握手致意。玛丽和同事们排队一一和经理握手，等排到她的时候，时间整整过去了三个小时。

玛丽原以为经理会对自己说一些鼓励的话，但令她没想到的是，经理只是象征性地握了一下她的手，连正眼瞧都没瞧她一眼。玛丽被他那种敷衍、机械的握手动作深深地刺痛了，她明显感觉到了经理对自己的不尊重。

这件事令玛丽非常动容，她当即就下定决心，以后如果有人排队和自己握手，不管她有多累，都会认真对待这件事。所以，当玛丽成立自己的公司以后，在商场之上，许多人都很欣赏她待人的态度，和她合作的伙伴也越来越多，而这一切都起源于那一次次充满尊重的握手。

可见，握手轻而匆忙会给人留下一个坏印象，如果你也有这样的习惯，那么就要刻意改正，在与人握手时可以稍微加大力度，示意对方——我在尊重与你的交往。

【持续握手】

有的人在和他人握手时，常常会忽略放开他的手——当他对对方感兴趣或有好感时，就会不自觉地持续握住对方的手。如果对方是同性倒也无伤大雅，可如果对方是异性，就会给人造成轻浮、行为不检点的印象。

如果和你持续握手的对象是刚认识不久的人，你大可不必在意这件事，他没有放开你的手就让他握着吧。这时你可以找一些话题和对方交谈，如果在沟通过程中，他的手心刚开始干燥，后因谈论某一话题突然手心冒汗，这说明他对你可能有所隐瞒或不满，你就需要日后找机会展示自己的能力，消除对方的这一想法。

此外，在握手的过程中，如果对方眼眉高挑，则寓意他心存挑衅。这时，你就要适当地做出反击——用力地回握他的手，或大力地把手抽出来。即使你的力气没有他大，也可以暗示他：你对他并不服气，而且你也不是甘愿被欺负的人。

【手劲儿一会儿大一会儿小】

有的人在与男士握手时，会刻意加大手上的力度，让对方感觉到他对自己的尊重；而在与女士握手时，他出于礼貌或考虑到女士的承受能力，会故意减轻手上的力度，这让一些女士觉得莫名其妙，认为对方轻视自己。

虽然替对方考虑是件好事，但所谓“过多溢满”，如果在和女士握手时，一点力气都不用反而会引起对方的误会。这时，你不妨用握男士的力气的一半去与女士握手，既能让对方感受你对她的尊重，也能体会到你的用心良苦。

字迹也是突破口

俗话说，“人如其名，字如其人。”可见，通过一个人的笔迹，也能体现出他的性格变化和逻辑思维。

曾有相关心理学家对人们的笔迹进行过深入的调查和探究，结果发现，一个人笔迹的形成受其生活环境不同、受教育程度不同等多重方面影响，于是，心理学家们针对笔迹识别性格进行了专门的研究。甚至，在一些发达国家的医院中，医学家和心理学家还会通过分析病人的字迹来判断其身体的健康情况。

说了这么多，你一定很好奇，究竟如何从笔迹上看出一个人的性格?

心理学家认为，笔迹是我们大脑写作的真实反映。比如，性格乐观的人字的笔画“横”会往上倾斜；性格悲观的人写字时，字与字之间的间隔较大；等等。

下面，就让我们根据不同的字迹，以及写字的习惯，来分析人们的性格和心理活动。

【习惯识性格】

一、写字的力度

大多数人都有过这样的发现，有的人写字力度比较轻，有的人写字力度比较重。检测一个写字力度轻、重的最好办法就是，观察写字纸的下一张空白纸上是否有字迹的印痕。

曾有心理学家根据人们写字力度的轻重做过一次性格分析的调查，调查结果发现，绝大多数写字力度重的人，他们都拥有坚强的意志，充沛的精力，以及坚持自我的决心。而写字力度轻的人，他们中的大多数则性格随和，头脑灵敏，更容易接受新鲜的观点，有比较强的可塑性。

和写字力度重的人交往时，我们需要给予对方基本的尊重，在做决定之前可以先征求对方的意见，如果你的上司恰巧就是这样的人，那么，你制订新的工作计划前要向他汇报，不可越权行事。

和写字力度轻的人交往时，由于他们性格随和、温顺，做事缺乏一定的决断力，常常犹豫不决，我们需要比他们更有主见，最好可以做出有理有据的方案，以此来顺服他们和自己站在同一立场。

二、你的人格体现在字的结构上

尽管我们在学习写字时，语文老师都曾一笔一画地教导过，但是每个人的写字习惯依然不同。有的人写字时，字体结构“瘦瘦高高”；有的人写字时，字体结构“又宽又胖”；有的人写字时，字体结构“洋洋洒洒”；还有的人写字时，字体结构“规规矩矩”。

一般来说，我们将字体结构分别两种类型：第一种是中规中矩型，即字体结构均匀，笔画完整，书写规范，也就是上文中“规规矩矩”的字体。这样的人大多数理智、稳重，考虑问题全面，在实行计划前会做好 Plan B，以防万一。

第二种是结构散漫型，即字形散落，书写不规范，也就是上文中的前三种字体。这样的人做事随心，注意力难以长时间集中，自控力相对较差，喜欢没有拘束的生活。对这样的人，需要注意提醒他处处留心，因为他们自己很可能会忽视细节或部分问题。

三、你的书面整洁吗?

心理学家曾抽查了80名高中生的考试试卷，并对他们进行了相当长一段时间的调查，结果发现，卷面整洁的人大多有较强的自尊心和荣誉感，他们渴望表里如一。当然，他们之中也存在“金玉其外，败絮其中”的人，这是非常不可取的。对这样的人，需要一点点向他渗透“表里如一”的观念，只崇尚外表而不注重内在，如此得到的结果也不会是尽善尽美的。

而卷面涂抹严重的人则大多不拘小节、没有城府，部分人还有“英雄心理”，他们认为只要题目的答案写正确就可以了，卷面是否整洁并不十分重要。对这样的人，则需要提醒他们，一个人的内在固然重要，但是也要注重外在的东西，这样才叫相得益彰。

【字迹识性格】

一、写字的大小

有的人写字字体较大，有的人则写字字体较小，尤其是在横线本或表格纸中尤为明显——大字常常写出横线或格子，而小字却往往占不满横线或格子的三分之二。据心理学家观察发现，写字较大的人，他们大多性格豪迈、不拘一格，而写字较小的人，则更具有丰富的想象力、观察力，为人更为谦虚、谨慎。

二、瘦长、干瘪的字

有的人写字珠圆玉润，很是大方，有的人写字却呈扁形，笔锋坚硬。这种扁形字的主人，性格大多固执己见，凡事喜欢钻牛角尖。

不过，他们对工作、对生活充满热情，敢于承担责任，只是偶尔有些冥顽不化，令与之交往的人很是苦恼。

三、模仿他人的字迹

前文中，我说，每个人写字的习惯都不相同，一个人写不出一模一样的两字。不过，有的人却能通过观察、反复地练习，能写出和别人字迹一模一样的字来。如果你关注鉴宝节目，就会看到专业的鉴定人员经过反复确认后说，说："尽管这幅《兰亭序》非常接近真迹，但遗憾的是，它只是一幅精妙的仿品，不过它依然具有收藏价值。"

可见，能够模仿字迹的人还是有很多的。这样的人能力很强，做事认真，学习起东西来也很快，交给他们的任务大多也都能顺利完成。只不过，从"模仿他人"的角度来看，他们又缺乏创新的意识，潜意识中认为他人的能力更有价值。

消费心理学：从消费看人品

随着生活水平的发展与提高，购物已经成为绝大多数人生活中必不可缺的行为。不同的消费方式、付费方式也能体现一个人的心理活动。因此，我们可以掌握一点“消费心理学”，通过一个人的消费观念、消费方式，来分辨、洞悉他的内心想法。

回想一下，当你站在商场、超市货架前挑选自己想要购买的商品时，内心是否有这样一个声音在说：“买A吧，价格贵的都是好的。”“买B吧，性价比高还结实。”“买C，我喜欢，管它价格高低呢。”“买A还是买D呢？A是品牌产品，质量肯定有保障，可D是平价替代品呀，质量、效果都差不多，只不过是小品牌才价格低的——到底是买A呢，还是买D呢？”当然，无论最后你选择了哪种消费方式，帮助你做出决定的都是内心的想法。

此外，当今时代已经渐渐步入科技时代，早在几年前，智能化的概念就已经被大众接受，而现在各种“互联网+”的概念蜂拥而至，大多数人都已经摒弃了传统的付款方式，选择“网络消费”——扫一扫微信、支付宝二维码，你的账单就结清了。虽然扫描二维码，通过网络付款非常便利，但是也存在弊端和隐患，尽管“阿里巴巴”公司尽可能维系用户安全，但目前为止，依然无法杜绝不法分子钻空子，所以还有一部分人坚决使用现金支付，他们认为，看不见的、摸不着的“数字钱”，处处都存在安全隐患。

可见，不同的消费方式、付费方式也能体现一个人的心理活动。因此，我们可以掌握一点“消费心理学”，通过一个人的消费观念、消费方式，来分辨、洞悉他的内心想法。

【羊群效应：只买品牌，不买实惠】

同事雅兰很有意思，每次出去逛街、购物，只去市中心的大型商场，买服装、化妆品只去柜台专店，她试衣服也从来不看吊牌，也不管衣服的款式、颜色适不适合自己，只要是品牌商品，质量对得起价格，她就会毫不犹豫地付钱。

平时工作之余，雅兰和我们闲聊时，也是三句离不开品牌，说什么品牌的衣服质量好，穿着舒服、有档次，那些打折扣买来的衣服，都是库存不好销售的，穿在身上只怕别人都要笑话自己了。

李童最看不上雅兰轻狂的样子，她的消费观念和雅兰截然相反，她只买自己喜欢的、适合的、有用的。当然，如果能用折扣价买下质量好的商品，她自然是高兴的。所以每每听雅兰说名牌这好、那好，打折的衣服没档次之类的话时，李童就会大翻白眼，丢下一句：“怨不得你房贷还得那么辛苦，敢情钱都花在名牌上了。”雅兰听了这话，脸色一会儿红、一会儿白，在这样尴尬的环境下，我也无可奈何，只好佯装什么都没听见悄悄走开。

从我个人的角度来看，我也不赞成雅兰的消费观念。不过，每个人都有自己的个性，我们可以选择适合自己、令自己满意的观念，但是，雅兰究竟是有自我的消费意识，还是羊群效应，就要结合多方面因素来看待了。

所谓羊群效应，也叫作从众心理。心理学家经过观察发现，如果在一群羊面前摆放一根木头，带头的羊跳过木头以后，后面的羊也会模仿头羊的动作，一一跨过那根木头。因此，心理学家将人类的模仿心理叫作羊群效应。

在现实生活中，不少人缺乏自己的见解和个性，无论是穿着打扮，还是人生规划，无一不效仿他人。比如，有的女孩明明长得挺漂亮，却因顺呈所谓的“明星脸”“网红脸”，将自己的容貌改得面目全非；有的人顺应潮流趋势，大家都在预订 iPhone X，即使自己的 7plus 刚买没过多久，也要在京东上下单预购。

当然，这些只是冰山一角，比上面例子怪诞的、荒唐的事情还有很多。雅兰一味地追求品牌，就是一种从众心理——她见女明星和知名博主使用“神仙水”，认为她们漂亮的肤色多亏了那瓶子“仙水”，当即托海外的朋友代购邮回。结果，雅兰的肤质并不适合使用“神仙水”，她没有变成小仙女，反而因过敏起了一片红疹。她见很多网红推荐“Luna”洗脸神器，心动不已，一样买回来使用，却发现效果并没想象中那样显著，时间一长，她又犯懒，一千多块钱的小东西被搁置在盥洗室。

其实，无论是雅兰也好，是你我也罢，都有适合自己或不适合自己的东西，就像网传神乎其神的“神仙水”，它并不适合每一种肤质；就像演员同品牌的大衣，款式、颜色也未必适合每个人。

存在从众心理的人缺乏自我意识和个性，他们容易人云亦云，附和大多数人的思想，并有一些冥顽不化。比如，有的人认为，明星长得那么漂亮，就是用 ×× 化妆品用的，如果我也坚持使用，就会像明星一样漂亮、有气质。

如果你的身边也有这样的朋友，最好不要直接打压他，责备他没有自己的见解，而应进行适度的劝解，告诉他，自己的想法才是最可贵的。

【选择困难症：A or B?】

你或许就存在这样的问题——选择困难症。朋友问你，晚上去吃火锅还是日料，你犹豫不决；站在琳琅满目的货架前，不知道该选哪一款商品；和伴侣约会，是去公园散步还是去看电影……令人感到选择困难的问题五花八门，甚至有些可笑，有的人连吃草莓味的冰激凌还是巧克力味的冰激凌都要纠结半个多小时。

具有选择困难症的人往往缺乏自信心，他们对自己的判断充满质疑，再加上外界信息的干扰，从而导致他们无法大胆地做出决定。在和具有选择困难症的人交往时，你要鼓励他加强自信心，鼓励他做出决定，即使结果是错误的，也不要怕，因为生活还有从头再来的机会。

如果你遇到一些生活中的烦恼，可以向选择困难症的人倾诉，因为他们会帮你分析出多种选项，并做出利弊的评估，只不过，千万不要被他们的犹豫不决影响自己的判断。

【付款方式的性格隐秘】

一、现金付款

大多数人喜欢，也习惯于使用现金付款，他们的性格大多比较传统、保守，缺乏冒险精神，不容易接受新鲜事物。尤其是中老年人，更执着于现金支付。因为他们总是担心，存在手机里的钱会不翼而飞。而现金付款可以让他们从某种程度上获得安全感——钱攥在手里，看得见、摸得着，也就不怕会丢失或被盗窃了。与这样的人交往时，尽可能不要同他们借钱，如果需要借钱周转，也要在约定的时间还钱，否则就会失去他们的信任。

二、手机支付

大多数年轻人都喜欢使用手机支付，由于微信、支付宝越来越方便、普及，导致许多人都用手机代替了钱包，进商店前，常常会先询问一句:“可以用微信支付吗？”如果得到了肯定答案，他们才会继续购物。当然，由于年轻人是多数行业的消费主力军，所以不少商家为应市场需求，都开通了手机支付，以方便大众，也是为了更好的竞争。喜欢用手机支付的人，容易接受新鲜事物，并懂得利用事物的特点为自己提供方便。不过，这些人中，尤其是一些年轻人，有粗心大意的缺点，由于经常使用手机消费，所以对金钱的概念比较薄弱。如果经常和他们谈起利益、钱财的话题，会令他们产生反感。

接打电话的习惯暴露了什么？

我们在与人交往的过程中，离不开“沟通”和“交流”。即使无法面对面地沟通，也需要通过文字、信件、邮件、电话等途径进行沟通。这一节中，我们针对人们接打电话时的小动作，来分析一个人的内心想法和性格。

可能有人会说，接打电话电话而已，十个人里有九个人的动作都是一样的，这有什么好分析、好辨别的？

事实，真的如此吗？

回想一下，你在接打电话的时候，除了与人沟通、交流外，还会做些什么呢？如果你暂时没有回想起来，不如来看看娇娇接打电话的小动作。或许，你会从她的身上找到自己的影子呢。

我和娇娇是大学室友，那时候她接打电话就有个小习惯——每次和男朋友打电话，她总要做一些其他事情。比如，整理凌乱的桌子、扫地、织毛衣等。她送给男朋友的生日礼物——那件灰蓝色的，纯手工织就的毛衣，就是在和男朋友打电话的过程中织出来的。连她男朋友都调侃说：“娇娇打电话不能闲着，非要手里做点什么才行。每次和她打电话，旁边总要有点勤快的声音。”

毕业以后，我和娇娇虽然同在一座城市，但平时电话联系的时候更多，每次和她打电话的时候，她总要忙点什么。我问：“你一天到晚有那么忙吗？非要在打电话的时候干点活，你就不能挂完电话再洗碗？”

“我不忙呀，可我一放下电话就什么都不想干了。这不趁着和你说话，我做点家务，一举两得呀。”

娇娇是典型的一心多用的“小能人”，看完她接打电话的逸事，你回想起自己接打电话的情境了吗？

【一心多用】

像娇娇一样“一心多用”的人不在少数，事实上，正如娇娇自己所说，她并不是急着做完这些家务，而是享受同时完成几件事所带来的快乐。

通过这个小习惯，可以了解到，他们是很随性的人，平时不会去做过多的计划，比如安排自己一天的任务，或接下来一个星期要完成的工作内容，等等。他们大多时候都是想到哪儿，就做到哪儿。可能他本来没有计划大扫除，但在休闲的时候，可能“灵光一现”，他们就拿着扫把开始扫地了。

由于他们做事不喜欢，也不习惯制订计划，所以具有轻重度不一的“拖延症”。娇娇在拖延症方面属于轻度拖延，她经常计划周末的行程，但每一次都一拖再拖，最后总是“看心情出发”——心情好，就出发得早一点，心情不好，可能一天的计划就此取消了。和这样的人交往时，一定要和对方约定好工作内容、交接时间，以防他们犯拖延症，导致计划迟迟无法完善。

【信手涂鸦】

有的人在接打电话时，会无意识地写写画画，由于他在与人通话时，注意力大多集中在对话之中，所以他们的涂鸦大多没有什么特别的意义。不过，从这一动作中，我们可以判断出，这样的人大多具有艺术才能，他们更崇尚幻想和浪漫，有不俗的见解和想法。和这样的人交往时，你可以谈论一些有关文学、美学等方面的话题，或许由于他们不俗的见识，故而对生活琐事、茶米油盐酱醋茶的话题不感兴趣。

【电话的距离】

大多数人在接打电话时，都会把听筒靠近耳朵部位，以便能清楚地听到对方的说话声。不过，还有一些人在接打电话时，会将听筒距离耳朵远一点的位置。这是一种不自觉的行为意识，相关心理学家研究发现，将听筒置于耳朵较远位置的人，具有强烈的自尊心、自我意识和支配欲望。这样的人往往好恶鲜明，讨厌接受别人的命令，渴望挑战新鲜事物，具有一定的冒险精神，常常希望自己能成为众人瞩目的焦点。和这样的人交往时，要抓住他们的性格特点——既然他们喜欢争强好胜，你不妨略用手段，引导他们按照你设定的剧本走。比如，在和他们谈条件时，你可以询问对方的要求，然后再从中挑出你认为不妥，不合理的地方。当他们的“绝对权威”遭到反驳时，就会激发自己迎难而上的心理，非要搞定你这块“硬骨头”，此时你便可乘机说出自己的条件，几番协商，相信对方就会落入你的“圈套”之中。

【电话里的弦外之音】

平时我们在与人交流时，会出现“想说，但不方便说”的情况，这时我们可以根据对方的眼神、表情、肢体语言，乃至暗示的对白来判断，他是否因不方便说出口而停止或转移话题。其实，在接打电话时，我们同样会遇到这样的情况，只不过由于彼此只能通话，不能见面，所以我们辨别弦外之意的途径就少了许多。不过，依然有迹可循。

白雪跟我抱怨过这样一件事：上个月她过生日，下班以后她给男朋友打了通电话，问他多久以后到之前预定的餐厅。白雪在电话一端说得兴致勃勃，可男朋友的回答却有点敷衍，他只说，我现在有点忙，等会儿打给你。

白雪一听这话就不干了，当即问："你忙什么？你不是都下班了，你还能忙什么？"可没想到，她话还没说完，就听见电话里传来阵阵忙音。白雪顿时失落无比，连生日蛋糕也没取，就直接回家蒙头大睡。

等到晚上8点多，男朋友才再次打来电话，向她解释说："我们本来该下班了，可老板突然来视察，虽然他没说什么，可谁好意思在这个时候走啊。偏偏这时候你又打电话给我，我总不能当他面说，'我这就要下班了'。我实在是没法跟你详细讲，才挂你电话的。"白雪见男友态度很是诚恳，气也消了一大半。其实仔细想想，白雪就能算出男朋友是因为不方便才敷衍自己的——平时，男友和她打电话情意绵绵，突然冷淡下来，必然是有原因的。如果白雪当时耐心想一想，也就不会弄得那么不愉快了。

如果不是"冷漠型"的人，即平时交往也好、打电话也好，都是一副冷淡的模样，那么，对方突然在电话声音冷漠，言辞敷衍，很有可能是因为他现在不便继续和你讨论某一话题。比如，身体的一些疾病、财物方面、情感方面、工作失意等等。当感到对方情绪冷淡时，可以先结束对话，事后再进行询问。

【神秘的来电显示】

有的人打电话时，习惯于先看一看手机上的来电显示，根据来电提示选择接听或不接听。如果他在公共场合或不适合接电话的地方，还会走到外面去接听电话。这是因为他们比较在意周围人的感受，同时，也是比较注重自己的隐私。他们不希望自己的隐私被他人听到，也不希望因接打电话影响他人工作或休息，故而有此举。

你会选择怎样的位置？

在乘坐公交车、公司开会、朋友聚餐等活动时，你是否有关注过自己选择的位置？对于大多数人来说，在选择站立或落座的位置时，人们心中早已经有了倾向的位置。

你现在可以回想一下，在乘坐公交车时，你是否有过这样的经历：环顾四周围的环境后，会优先选择某个固定位置，比如前排靠窗的位置、后排背光的位置。当发现某个位置被其他占领之后，才会考虑坐到其他位子上去。

这种选择位置的习惯不只体现在乘坐公交车上，还体现在公司开会、朋友聚会等活动上——大部分人都不会随便选择一个位置站立或落座，人们会根据内心的分析和判断，从而选择一个能够令自己感觉舒服的位置。

×× 物联网公司到一所大学招聘人才，当时，包括余飞在内的 650 多名大学生都来参加了招聘会。要知道，这家公司是业界出名的大公司，只要是应选成功，难道还怕自己没有用武之地吗？

所以，一听到 ×× 物联网公司的招聘信息时，余飞就准备好简历等资料飞奔到了招聘会场。他赶过去的时候，前来参加的同学还不是很多，于是余飞赶紧抢在其他人前在第一排中间位置坐下了。

因为这里距离讲台最近，招聘人员也最容易注意到。

40 多分钟后，前来应聘的同学越来越多，会场的座位已经坐满了。宣讲会结束以后，考官优先选择了 200 名表现活跃的同学进入下一轮的选拔，虽然经过初次的竞争，已经筛选出了一部分同学，但是，考官想要一对一的面试 200 名同学也不现实，于是考官想出一个有趣的竞争办法。他站在讲台上，致辞感谢同学们前来参加应聘会后，说道："下面开始第二次选拔——首先，请后三排的同学离开应聘会。"

会场上顿时想起阵阵私语声，伴随着脚步的移动声，后三排的同学离开了会场。接着，考试官继续说："下面，请中间排的部分同学留下，其他同学请离开会场。"余飞发现，考官留下的同学都是刚才在会场上积极回答问题的同学，他知道，他将和这些同学进入第三轮的选拔。

果然，最后考官依照这个去留选择方式，选出了余飞在内的 20 名同学作为公司的新员工。

其实，这种按照座位排列选拔人才的方式在招聘会上并不罕见，这是因为大多数考官，都能根据座位的位置判断出前来面试的人的性格特点。以余飞为例，他抢坐在第一排的中间位置，无疑是希望得到考官的注意，而且他的表现活跃、积极，回答问题时逻辑清晰、相关知识掌握得很牢靠，所以考官一下子就了解到余飞的心理——他很重视这次招聘会，同时，他具有坚韧、敢于挑战自我的品格，稍加培养，就可以成为公司的栋梁之材。而那些后来且坐在后排位置的同学，他们大多对这次应聘不是特别重视，尤其是那些提前到来却故意选择后排位置的人，这说明他们缺乏竞争意识，故而考官最先淘汰了这些人——缺乏挑战意识、竞争意识、团队意识的人，大多是难当大任的。

那么，如果是你的话，你会选择哪个位置？当你了解“位置选择”暗示的性格特征后，你还会坚持自己的选择吗？

【落座或站立时选择后排位置】

我们在乘坐公交车时，经常会发现，即使前面的车厢空空如也，一些乘客还是选择坐在后排靠近车门的位置。心理学家针对做出这一选择的人进行了心理调查，发现大多数人会这样选择，是因为他们觉得坐在靠后的位置上可以得到足够的安全感。那么，为什么他们会存在这样的心理感受？

这是因为这些人大多心思细腻、敏感多疑，当他们选择前排位置时，就会产生一种将后背，即将脆弱面展露给对方的感觉，他们担心自己的后背会遭到坏人、陌生人的偷袭，而坐在靠后的位置就能打消这样的顾虑。

【精神洁癖】

许多爱干净的人都有轻微的洁癖，比如触摸过物品后会反复洗手，严重者还会为此而产生焦虑情绪。轻微洁癖对于大多数人来说并不罕见，它不属于心理障碍，也不需要进行心理治疗。不过，还有部分人存在另一种洁癖——精神洁癖，也被称为心理洁癖。与常见洁癖不同的是，精神洁癖是由人类的内心情绪所引起的，比如某人讨厌另一个人或某件物品时，就会认为他（它）是肮脏的，从而不愿意接触。

有些人的精神洁癖并不严重，他们在嫌弃、厌恶某人或物的同时，可以在心里慢慢说服自己接受。例如，赵琪琪在公共场合想要坐下休息时，如果公用的椅子刚刚被其他人坐过，椅子上还有余温，赵琪琪就无法坐下，她必须要等到椅子上的余温消失后，并在心里劝慰自己："不干净的东西都已经被风带走了。"才能安心地坐在椅子上。这样的人大多存在或轻或重的强迫心理，他们内心很敏感，比较难以接受他人。

【钻石级"外貌协会"会长】

世界上的每一个人都喜欢美好的事物，其中包括幸运的事、漂亮的人。虽然喜欢美好事物是人类的天性，当然，这也是无可厚非的，但是由于每个人的审美观念不同，于是在每个人眼中就出现了一套特有的审美观念。而那些重视"美感"的人，网友们将他们戏称为"外貌协会会员"。

不少注重外表的人在和人交往时，都会不由自主地亲近自己看着顺眼或心生好感的人。这些人普遍存在"以貌取人"的心理，比如，地铁上还有两个空缺的座位，A 座位旁边坐着一位衣服干净、五官清秀的男孩，而 B 座位旁边坐着一个满脸油光、胡子邋遢的中年大叔，这时他们会毫不犹豫地选择坐在 A 座位上——不管那位男孩和大叔拥有什么样的内涵，从第一印象来说，他们在心里已经认定，男孩的素养和学识要高于那位大叔。

曾有心理学家做过这样一个实验：他拿出两组不同男人的照片，A 组照片的男人长相普通，但却给人一种如沐春风的感觉，而 B 组照片中的男人左脸上有一道刀疤，他留着寸头，眼神给人一种凶恶、仇视的感觉，令人很不喜欢。

这时，心理学家对参与实验的志愿者说：“亲爱的女士、先生们，在你们面前的这两组照片中，其中有一个人是国际杀人犯，请你们告诉我，那个人是谁？”在场的志愿者几乎都选择了B，他们认为这个男人从面相上来看，就不是一个善良的人。

然而，令每个人感到震惊的是，A组照片中衣衫革履，看起来彬彬有礼的男人才是国际警察通缉的杀人犯，而B组照片中人不过是个普通员工罢了，他的脸上的伤疤是车祸意外时留下的。

虽然这个实验不足以代表全部的真相，但至少它反映出：人们更愿意相信和接受美好的人和事。但是，我们肉眼看到的并不是真正的答案，对于“外貌协会”的人来说，与其关注对方光鲜亮丽的外表，不如去关注他们的修养和内涵。因为，善良的心比一张漂亮的皮囊更值得他人尊重和交往。

从站姿看人品

所谓“知己知彼，百战不殆”。只有了解一个人的性格特征，才能在接下来的交往中占得先机，掌握主动权，从而主导这场看不见、摸不着的心理战役。

我们生活在这个错综复杂的社会中，每天都要和形形色色的人打交道。其中，有的人是我们日常生活中所熟悉的，而有的人却是我们之前从未接触过的。俗话说得好，人心隔肚皮，谁也没有透视眼，能将一个人从表到内看得一清二楚，所以我们在与人交往时，就需要保持谨慎，用最短的时间，飞速转动大脑和思维，透过一些微动作、微习惯，探知对方的性格、人格。

所谓“知己知彼，百战不殆”。只有了解一个人的性格特征，才能在接下来的交往中占得先机，掌握主动权，从而主导这场看不见、摸不着的心理战役。

在与人交往的过程中，人们首先做的一件事就是“看”——我们看一个人的五官特征、肤色、造型、谈吐、坐姿、站姿等。因为一个人的外貌特征、行为习惯和他的生存方式是息息相关的。

我们举一个比较明显的例子：

欧洲人的五官轮廓普遍要比亚洲人深邃，他们的鼻梁较高，且鼻孔也较大。会出现这差异就是因为欧洲人的生存环境相比之下更为寒冷，而长鼻子可以帮助他们促进鼻腔黏膜内的血液流动，避免寒冷的空气直接吸入肺部。

我们可以根据人类的五官、机体机能来判断一个人生长环境，但无法仅凭它们了解一个人的思维、想法。这时，我们就需要借助人类其他的身体部位，来了解一个人的品质和人格。

【开放型动作】

一、背手站立

站立时,双手背在身后,脊背挺直、双目平视给人留下器宇轩昂、精神抖擞、乐观积极的印象。习惯背手站立的人大多自尊心、自信心强，有比较强的操控欲望。当两个人的观点产生分歧时，他们往往不能接受对方的观点，即使他们的提议是错误的，也不会当众承认自己的问题。因此，在习惯背手站立的人产生分歧时，要循序渐进地引导他们改变观点，而不是强行指责对方“你的意见太荒谬”，否则对方会觉得“挂不住脸”，从而恼羞成怒。

虽然“背手站立”的姿势会给人一种精神头十足的感觉，但是如果一个以这种姿态出现在大众面前,就会给众人造成“端架子”“居高临下”“目空无人”的心理。

电视剧《大熔炉》中有这样一个情节: 北京的淘气小子徐小斌(由张一山饰演),从小就热爱军事，一心想成为战斗英雄。更难得的是，他有过人的机敏、魄力和胆识，是当兵的好苗子。当赵大江连长注意他时，当即录用了他，决定培养徐小斌成为一名优秀的解放军。

和徐小斌同期入伍的还有两个人，一个是从农村来的知识分子肖书田，另一个是插秧队的好手李沉着。李沉着是个地地道道的老实人，肖书田却是个好面子、奔前程的主儿。一天，肖书田双手背在身后，踱着步子，注视着正在训练的徐小斌和李沉着。

正当他动歪脑筋，决定给徐小斌打小报告时，娄排长却斥责他说："谁让你把手背到后面的？在部队，只有连长才能背着手站，你是连长吗？"这句话把肖书田吓了一大跳，连忙承认错误。娄排长看他态度还算端正，这才没有计较。

看来，背手站立的姿势不是在任何场合都能起到积极作用的。

二、双手叉腰而立

最近网络上流行这样一句话："可把我牛坏了，快让我叉会腰。"虽然是一句颇具玩味的话，但是也反映出了"叉腰站立"姿势背后的含义。

细心的朋友可能已经发现了，当我们对某件事充满信心、信念，或存在某种对决优势时，我们就会做出"双手叉腰"的动作。例如，甲向丙借了三千块钱。几个月后，丙找到了甲，他两只手叉着腰，微微仰着头，说："嘿，我说，哥们儿，那三千块钱你什么时候还我啊？都几个月了，你还没发工资啊？"

从上述中，我们不难判断出，"双手叉腰"属于具有攻击性的动作，通常来说，当某人做好充足的心理准备的情况下，才会做出这个动作。否则，他是不会做出这一举动的。当对方双手叉腰面对你，说明他的内心是存在不满或炫耀含义的。这时，最好的解决办法就是"迂回交往"。

所谓"迂回交往"，就是避免和对方"硬碰硬"，避免和他发生正面冲突，并让对方感觉到，你对他并无恶意，这样一来，对方也会解除"紧张的设防"状态。

【封锁型动作：哈着腰、佝偻身子】

驼背的人在站立时，往往会不自觉地哈着腰、佝偻着身子，于是，人们常说，“人只要驼了背，就会站不直！”事实上，这句话形容得不恰当。人不是因为驼背而站不直，是由于习惯性地哈着腰站立，长此以往，才导致养成了驼背的坏习惯。

当然，还有一些人即使没有驼背的毛病，在平时站立时，也是一副懒洋洋的模样，就像一堵随时可能倾颓的墙。

哈腰曲背、略现佝偻状的站立是一种表示自我防卫、闭锁、消沉心理的动作。同时，在他人眼中，做出这个姿势的人缺乏精气神和自信心，存在严重的自卑心理。因此，我们在社交场合中也需要注意，要挺直站立，以免给人留下不好的印象。

握杯的习惯有秘密

在与人交往的过程中，人们往往会因为细节、微动作对一个人做出评价和看法，或许人们大胆的猜想并不准确，但是，无论真相如何，通过这些细节，人们在心里已经奠定了对某个人的印象和成见。

看到这个标题时，你是否联想到了自己举杯、握杯的姿势？好，接下来让我们回忆一下，我们在喝水、饮酒时，会选择如何举杯、握杯——

A 类型：手握杯子上端。

B 类型：双手握杯。

C 类型：摇晃杯子。

D 类型：敲打杯子。

我将人们握杯的姿势大体分为上述四种类型，不同的握杯姿势也能反映出一个人的性格和生活习惯。

在聚餐、约会等社交场合，我们会频繁出现握杯的动作，或许你并没有注意到，其实每个人握杯子的动作并不是单纯意义上的口渴，而是作为展开社交的开端。那么，你在与人交往的经历中，是否有过这样的想法——"甲先生拿高脚杯的姿势像女人一样，翘着兰花指，一看就知道他缺乏男子气概，不值得交往。""乙同事拿着杯子晃来晃去，哼，他又不是什么上流人物，杯子里装的又不是高端红酒，明显在装腔作势，一看就是个浮夸的人！”

就拿甲先生来说，他可能是一名乐器师，职业习惯让他惯于翘起小拇指，这并不能说明甲先生缺乏男子气概，更无法体现他是否值得交往。但是，刚刚接触他的人已经形成了负面印象，而起因就是握杯子的小动作。可见，了解自己的行为习惯、观察他人的行为举止，对促进社会交往是有很大益处的。

【A 类型：手握杯子上端】

有的人在握杯子时会握住杯子的上端，而在拿动的过程中，他们五指分散，呈爪型抓住杯口。习惯于这样握杯的人大多不拘小节、性格开朗。由于人们的手部接触外界事物最多，所以手部总是汇聚着人类看不见的细菌或病菌，而杯子上端往往是人们喝水时嘴巴触碰的位置，因此部分心思缜密的人会拒绝这种握杯方式。不过，由于 A 类型的人不拘小节，况且细菌又是不可避免的，所以对此并不在意。

【B 类型：双手握杯】

从心理学的角度来看，当一个人缺乏安全感时，就会处于一种较为谨慎的状态，其表现为疏远周围的人、独处、双手抱于胸前或双手持某物。因此，当我们看到某个人双手握水杯时，极大可能是因为他感到缺乏安全感或感到孤单。

被孤独包围的人很容易产生“精神自虐”倾向，比如说，明明他们厌倦孤独，但却又习惯孤独，难以摆脱自己给自己设下的怪圈。如果你也存在这样的心理现象，那么，应该及时正确认知自我，走出自己强加给自己的人物设定。

【C 类型：摇晃杯子】

在一些现代影视作品中，我们经常会看到，在举办宴会或重要活动时，男主角会优雅地举着酒杯，一边摇晃杯中的红酒，一边沉思自己下一步的行动。无论从哪个角度来看，男主角的这一动作都帅呆了。可能是受影视作品影响，又或许是受生活环境影响，有的人在举杯时，也会做出这个动作，尤其是在使用高脚杯或透明的、较高的杯子，他们中的部分人认为摇晃酒杯可以凸显自己的睿智，但事实上，如果不是在特定的场合，摇晃酒杯不仅无法凸显一个人的气质和品位，还是会遭受他人的白眼和质疑。

汪磊是我以前的同事，他就是典型的 C 类型。事实上，我在认识他之前，并没想过日常生活中，有谁会想通过握杯的动作来彰显自我。我和汪磊的办公桌是正面相对的，由于平时工作时我不太注意他，一直也没发现他握杯子的方式与其他人有何不同。

有一段时间，公司的一个项目需要加快进度，一连七八天大家都处于疯狂加班的状态，时常加班到晚上九十点钟，办公室里充斥着浓郁的咖啡芳香。汪磊也靠咖啡提神，时不时抬起杯子，这时我才发现，他总要先摇晃摇晃瓷杯，再啜一口。这个动作不禁让我咂舌，大家都在忙着赶项目进度时，他却还能悠哉游哉地品味咖啡……

隔天加班到九点多时，老板特意给我们带来消夜，正巧看到汪磊摇晃着杯子，一脸轻松的模样。虽然老板嘴上没说什么，脸色却阴沉下来，反复强调这个项目很紧要，让大家抓紧时间做完，但汪磊似乎并没意识到自己的问题。

下班后，同事玲玲在微信上对我说，汪磊手上的资料要我备份一份，说下个月汪磊就要离职了。我很纳闷，汪磊怎么突然要离职。玲玲继续说，加班的时候，老板看见汪磊摇晃杯子好几次了，每回都看见他一副悠然模样，几次提醒也没用，这才想要辞退汪磊。

摇晃杯子的确能给人一种轻松、悠然的感觉，但却不一定能营造睿智的形象，尤其在气氛紧张或工作紧张的情况下，最好不要去模仿他人摇晃杯子，以免成了东施效颦。

和C类型的人交往时，要注意，不以强硬的态度要求对方。C类型的人大多性格倔强，不容易受他人调动和支配，他们认定的事也不容易受人影响或改变。当和C类型的人意见相左时，可以有理有据地进行分析和说服，不可以采取严厉的命令形式，否则只会激化他们的逆反情绪，导致两个人产生矛盾冲突。

【D类型：敲打杯子】

当人类内心世界产生波动时，比如焦虑、紧张等情绪，会通过动作释放部分情绪，借此来缓解自己的焦虑和紧张。敲击桌面、敲打杯子、握小饰品等行为，都是缓解自己焦虑情绪的行为。所以，当你在面试、开会、谈判等场合感到紧张时，要刻意控制自己手指的动作，不要自乱阵脚，给对方留下反驳或反击的机会。

口头禅会给你带来好运或霉运

每一个人都有一两句特别爱说的话，甚至有些人说的每一句里都有这句话——口头禅。有的口头禅听起来很搞笑，听起来还让人觉得有点可爱。不过，有的口头禅就没那么容易被人接受了，比如脏话或负面情绪过重的话。

如果你注意过别人的口头禅，就会发现大家的口头禅千奇百怪，有的听着很无厘头，就比如我的一句口头禅是“你知道吗？你都不知道……”。起初，我并没有发觉这句话哪里有问题，直到朋友一脸无奈地对我说，“你连问题都没有说，我怎么可能知道呢？”

有的口头禅听起来很搞笑，比如“宝宝心里苦，但是宝宝不说”，很多女孩都喜欢说这句话，听起来还让人觉得有点可爱。不过，有的口头禅就没那么容易被人接受了，比如脏话或负面情绪过重的话。

其实在你对他人口头禅进行评价的时候，也是对对方的整体进行进行分析和打分——他常说的那句话缺乏逻辑，我想他的思维能力也不强吧；她常说的那句话真好玩，她应该是个有趣的人吧；他经常说那些消极的话，估计心理受过什么刺激，我还是离他远一点吧……

口头禅是我们在无意识的情况下脱口而出的话，很可能当别人反问你“你怎么总说这句话”时，你会一脸迷茫地说：“我不知道呀，我刚才都没反应过来说了这句话。”可见，口头禅也是人们心理上的一种反射，它能够直接反映出一个人的性格、状态，乃至心情。

【让人摸不着头脑的口头禅：不是】

你的身边有没有这样的人？他总是将“不是，不是”挂在嘴边，这句口头禅让人听着既觉得有意思，又常常感到十分疑惑——“你到底‘不是’什么呀，这也不是、那也不是，那你到底想表达什么呀？”

我的一位同学就有这样一句口头禅——不是。那天下班后，我和几个老同学一起聚餐，在饭桌上，大家聊起自己的近况。汪芯闷闷不乐地说：“我最近可不顺了，这个月做的三个策划方案都被pass了。”

“为什么啊？”我问。

我刚说完，李彤就开玩笑地说：“还用问呀，肯定是她又没做市场调研。”

汪芯在一家市场调研公司上班，前段时间她因为没做好调研工作，把公司新产品的客户反馈数据弄错了，上司发现后当即把她痛骂一顿，说她明明是这行的老人了，怎么还能犯这种低级错误。这件事本来也是汪芯有错在先，可她性格要强，听上司这么说她心里很是不爽，当即解释说：“不是，那天我把整理调查问卷的工作交给小燕了。”

“那问卷抽样的时候你就没看出来？”

汪芯又赶紧说：“不是，我……”

不等汪芯说完，上司就挥挥手叫她回去工作了，还说她现在最应该做的不是解释，是反思，让她马上再整理一份报告出来。

李彤心里一直都不太喜欢汪芯，总觉得她凡事都喜欢找借口，所以汪芯一出什么错，她就想打击一下她。

听李彤又提起旧事，汪芯不耐烦地说："什么呀，根本就不是。我哪知道为什么，反正就是没用。我觉得我比同事做的强多了，可就是没用我的。"

"那还是你自己的问题。"李彤翻了个白眼，阴阳怪气地说。

"不是。你们什么都不知道，前几天我们公司新推一款护肤品，一开始做提案的时候根本没说这件事，等我知道的时候我提案都做完了。就那么几天时间，我怎么可能改得完？"

"那你不是做了三个提案呢吗？总不能都是因为……"

"不是，你能不能听我说完啊？"

我看她们俩个尖对麦芒的阵仗，赶紧把话题岔开了。说起我们的一位老同学要结婚了，我刚提起话茬，汪芯又接话道："什么呀！根本不是。你听谁说的，那天琳姐还跟我说她要考验考验她男朋友……"

被汪芯反驳几次以后我也没了兴趣，谎说还有点事要走了。见我要走，李彤也拿起包说跟我一块回去。出了餐厅，李彤轻哼一声，说："哼，你现在知道我为什么讨厌她了吗？什么都不是、不是的，还让不让别人说话了。"

其实汪芯人挺好的，但是她太固执己见，这一点从她的口头禅里就能看出来，也难怪李彤会讨厌她了。

常常把"不是"挂在嘴边的人，大多性格执拗，喜欢坚持自己的意见，尤其是对方和自己意见不统一时，他们的大脑会自动启动"搜索引擎"，找出反驳对方的证据或答案。这样性格的人相对更有领导能力和决策能力，但是如果一味地固执己见，不采纳他人的建议，就会故步自封。同时，“不是”这句口头禅也会让人觉得，“哦，凭什么他说什么就是什么，我说的就得被反驳？跟他说话实在是太累了。”

如果你的口头禅也是“不是”，不妨下意识地纠正自己，避免给人一种态度过于强硬的感觉，适当地示弱反而可以获得他人的好感；如果你的身边也有常说“不是”的人，在与这样的人交往时，就要适度地保留自己的意见，否则在对方一句“不是”之后，就会饱尝失落的滋味。

当然，很多时候说“不是”的人也会出现错误，这时你要帮助他分析问题，找到正确的答案或解决方法。切不可像李彤一样，和她针锋相对，非要让对方察觉到自己的错误——李彤心里不喜欢汪芯，焉知汪芯不讨厌李彤呢？

【不行，我真的不行】

有句话是这样说的，成就你的不是上帝，而是性格。心理学家将性格分为 72 种，比如传统、安静、自私、愚钝、机敏等等。而且人类的性格并不是单一的，而是具有多面性的，在现实生活中，很多人会乐于表现出聪明、宽容、安静等积极面的性格，而一些消极面的性格则不愿告知于众。

虽然如此，但是当在特定环境或情景下，他们还是会不由自主地说出自己的消极性格。而口头禅“不行，我不行”的人，他们的消极性格就是自卑、怯弱。严重自卑的人，当别人建议他任何事时，他都会脱口而出：“不、不，我不行。”

这是因为他们从心底认定自己一定做不好某件事，即使他拥有这方面的能力或天赋。和这样的交往时，我们要多对他说“你可以的”，切不可肆意打击对方，否则就会在无形之中增加对方的心理负担，还会让对方对你产生怨恨、仇视、嫉妒等情绪。有道是多个朋友多条路，少个敌人少堵墙。在这个以社交为重的社会中，获得别人的好感、支持十分重要。

【骗人的吧】

通常，我们在看到电视购物等频道时，都会一脸不屑地说:“都是骗人的！”的确，商家为了可以更好销售产品，往往会夸大产品的作用和功效，甚至有些不良商家会滥竽充数——拍虚假的广告，卖没有效果的产品。尤其是在电视购物盛行的那段时间里，不少人都经历了“白花钱”的教训，于是我们再看到类似的广告时，也会满腹狐疑地说:“骗人的吧？”同时，心里也悄悄认定——哦，其实就是骗人的。不过，在其他事物上，他们也能以客观的角度去审视问题。

但是，有的人口头禅就是“骗人的吧”，这很可能是因为他们曾经有过被骗的经历，从而一朝被蛇咬，十年怕井绳。对绝大多数事物都报以怀疑的态度，并自认为“我这是警惕性高”。事实上，这并不是警惕性高的表现，而过于谨慎、不信任他人，这样反而会让我们得不偿失。和这样的人交往时，首先要真诚待之，让对方感受到你并没有欺骗他。只有这样，你们才有可能进一步的沟通和交往。

如果这句话就是你的口头禅，那么，你要学会克制自己，不可对每一件事都持有怀疑的态度。试想，若《三国演义》的曹操没有因过于谨慎而放弃华佗提出的治疗方案，那么，他的头疼病恐怕早就治愈了。可见，过分地谨慎、警惕有时反而会令我们得不偿失。

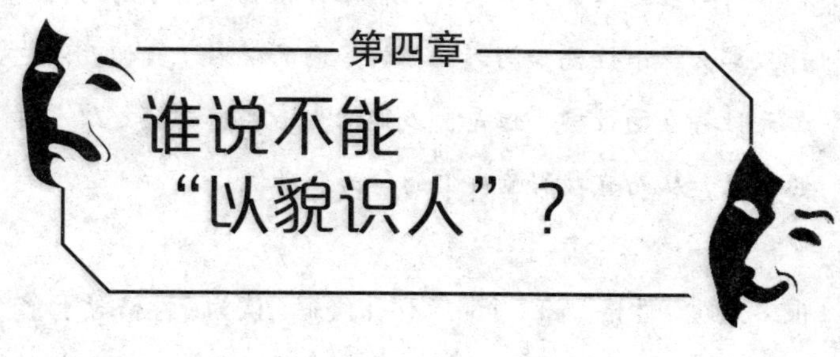

第四章

谁说不能“以貌识人”？

从日常装扮看个性

有心理学家说，如果将性格比作指引人生方向的指南针，那么，个性就如同影响指针方向的磁石。我们无法更改天性存在的性格，但是，我们的生活经历却能更改人类的个性，从而直接影响我们的行为和动机。

很多人对“性格”和“个性”存在误解，认为“性格等于个性”，事实上，这是一种不客观的认识。言简意赅地说，人类的性格，是天生存在的，例如性格存在一定的遗传性，有的人性格开朗、活泼，很可能是因为他的亲人也是这样的性格。而个性，就完全与之不同了，它是后天根据我们的生活、喜好、兴趣等多方面的因素形成的。

有心理学家说，如果将性格比作指引人生方向的指南针，那么，个性就如同影响指针方向的磁石。我们无法更改天性存在的性格，比如，我们无法令一个性格开朗的人变得沉默寡言，但是，我们的生活经历却能更改人类的个性，从而直接影响我们的行为和动机。心理学家认为，一种行为的背后，存在不同的动机。比如，乙和丙今天中午都吃炒河粉，乙的动机可能是他喜欢吃炒河粉，而丙的动机却可能是他很长时间没有吃炒河粉。

因此，如果我们只注重一个人的行为结果，而忽视他的行为动机，我们是无法正确判断了解一个人的，从而就会对对方产生误解。

例如，前段时间，一名男子和人体模型的婚纱照流出，部分网友的留言相当恶毒。有人说：“这实在太变态了。”有人说：“炒作，这个男人想要火！”还有人说：“这人是个傻子吧！”

流言蜚语一时铺天盖地。几天后，有记者澄清报道：“男子和人体模特拍摄婚纱照背后的故事——原来，那名男子是一名癌症患者，在得知自己生命不多时，他想要体验婚姻的感觉。但是，如果此时找一个女孩陪伴自己，无疑是对女孩最大的残忍。在不伤害无辜女孩，又能实现体验婚姻愿望的同时，男子决定以人体模特代替。”这个世界上，每个人的经历都与众不同，因此没有什么所谓的感同身受。所以，当我们愤世嫉俗、同仇敌忾地责备某个人时，很可能是因为我们没有看到全部的真相，我们所看到的，很可能只是自己的臆想。

个性，是人们产生不同心理动机的根本原因。有人说：“有个性是一件不被大众接受的事。换句话说，所谓的有个性其实就是情商低。”这句话对个性是存在误解的。每个人都有自己的个性，比如，张三明确地知道自己想要什么，自己这么做的理由和目的，这叫作个性；而李四只看得见对自己有利的原则，却不能坚持整个社会的原则，这叫作情商低。

那么，我们在日常生活中，除了从一个人坚持的原则上判断这个人的个性属性外，还有哪些方法可以辨别对方的个性呢？

一个人的性格反应在诸多方面，除服饰之外，就连我们的发型也藏着玄机。发型对人们的整体形象有很大的影响，不同的发型也能体现出一个人的性格特点。下面，就让我们来看一看，如何通过发型识别他人的性格。

【从发型看个性】

一、整齐光亮的发型

第一次见到老陶时，他给我留下了深刻的印象——他西装革履，一头浓密的黑发在发胶的固定下纹丝不动，三七分的发型和那副略有年代感的眼镜让我产生了一种20世纪60年代教书老师的视觉。我和老陶曾做过半年多的同事，每次见到他几乎都是这样的状态，我一度十分好奇，他究竟是如何坚持每天将头发梳理得这么整齐。直到一次加班，我和老陶最后离开办公室，就在我打算关灯的时候，老陶叫我稍等片刻，他从手提包里拿出一瓶啫喱水和梳子走进了洗手间。

走在路上时，我问老陶，每天整理这么精细地整理发型不会感到累吗？老陶回答我说："不会。我已经习惯做这件事了。其实，一个人的整体形象就能反映出他的心理世界，注重生活品质的人是不会因为觉得打理自己而感到疲累。"

将发型梳理得整齐、光亮的男士，一般都很注重自己的形象，这一行为也流露出他们的虚荣心理。在日常生活中，他们对事物更为挑剔，喜欢吹毛求疵，有的人甚至存在完美主义的心理。和这样个性的人交往时，我们可以适时提醒他们，光鲜亮丽的外表远没有一颗认真、负责任的心可贵。值得注意的是，由于他们有强烈的自尊心，在批评他们时要注意尺度，否则会令他们恼羞成怒。

二、破谣言：发量少的"聪明人"

民间有这样的俗语："聪明的脑袋不长毛。"意思是说，那些聪明人往往因为大量脑力劳动，影响睡眠质量，从而造成脱发的现象。故而，人们认为头发稀少的人，大多都聪明，善于算计，城府较深。

其实，头发稀少与一个人的智商并不关系，人们头发稀少的原因大致可分为两种：一种人体基因导致的发量稀少；另一种是人为和环境因素导致的，比如营养失衡、睡眠不足、长期染发、烫发等等。

因此，我们在和头发稀少的人交往时，不要刻意避忌“聪明人”，认为他们颇有城府、善于算计。一个人性格的好坏，智商的高低，和头发的数量并无关系。

【从服装看个性】

一、白色的西服套装

你是否陷入过这样的尴尬：在公司例会或活动中，同事们都穿着深色的西装，干净、整齐地出现在会场。而你，穿着一身白色的西装，即使看起来器宇轩昂，却显得那么的格格不入。领导第一眼就注意到了你，但是他的目光里却饱含深意，你这才意识到自己穿的服装多么不得体，可是已经来不及了。

有的人追求自我个性，尤其是一些才华出众、相貌出众的人，他们心高气傲、自命不凡，在搭配服装时往往会挑选醒目、独特的服装，以此来彰显自己的帅气和个性。但是，事实上，这种搭配虽然会让人成为焦点，但却是弊大于利。尤其是在正规场合或集体行动的场合，着装过于醒目只会令人觉得标新立异，使自己陷入尴尬的境遇之中。

二、领带系得过长或过短

在职场之中，领带是提高男士精神面貌的重要服饰。不过，有些男性朋友对于领带长度的挑选很随意，甚至会在领带背后插入笔、便条等物，认为这样更加方便，能够提升效率。事实上，在给领带打结时，如果领带的长度过长，就会给人以一种邋遢、散漫的形象，心思不够细腻，缺乏责任感。

还有的男性朋友，会选择一些时尚的领带，将领带松松垮垮地系在脖领上，认为这样可以突出自己的与众不同，其实这反而会给人造成一种轻浮、不值得委以重任的感觉。

【从鞋子看个性】

鞋子，是人类日常生活中必不可缺的，不过，对于现代社会的人类来说，鞋子的价值不仅体现在实用上，还能够反映一个人的生活习惯、个性，以及购买鞋子的主人的心理动机。

一、习惯穿某一类鞋子的人

很多人都存在这样的观点：在什么样的场合，穿什么样的着装。比如，今天我要出去登山，我就会选择穿运动服、运动鞋；明天我要参加一个面试考试，我就会选择干净整洁的职业装。不过，也有一些人对穿着存有一丝执念。就像我的妈妈。由于她的身高并不很高，为了让自己看起来更加挺拔，她选择穿高跟鞋。甚至，她根本没有一双运动鞋。即使是在出游等活动时，她依然踩着一双鞋底较软的半高跟，哪怕脚后跟破出水泡，她也不愿意购买一双运动鞋，她认为穿运动鞋不好看。

习惯穿某一类型鞋子的人，个性独立，有较强的自信心，有明确的自我目标和主见。当然，我们也可以把它理解为顽固、偏执。在和他们交往的过程中，如果我们没有足够的证据或资料，是很难说服对方的。

二、经常变换鞋子的人

喜欢购置新款鞋子，不同款式、类型的鞋子的人具有积极活泼，喜欢新鲜事物的特点，因此，他们也缺乏沉着、稳重的优点。由于他们将很多时间和精力都放在了追求新鲜事物上，所以在生活中很容易疏忽自己本职工作。和这样个性的人交往时，要注意将他们的注意力引导到工作上，劝谏他们不要只想着新鲜、有趣的事物。可以适度地给他们制造一些压力，以此来逼迫他们产生动力，帮助他们变得成熟起来。

【从帽子看个性】

人类戴帽子的起源可以追溯到18世纪以前，起初法国女人戴帽子只是为了遮挡雨雪，在晴朗的天气，人们几乎是不会戴帽子出行的。而进入18世纪以后，法国女人将帽子视为表达情感的媒介之一。精致、漂亮且多种形态的帽子受到了人们的喜爱和追捧。随着时代的发展和进步，人们对帽子的用途有了新的定义，它不仅可以用来遮挡阳光、雨雪，还可以体现一个人的审美和格调，甚至是一个人的性格。

一、露出额头

有的人戴帽子时喜欢露出自己的额头，将自己的整个脸部暴露出来，将帽子作为一种点缀。这种戴帽子的方式大多为女性，她们会选择款式新颖、颜色适合自己的肤色的帽子。一顶适合自己服装风格的帽子，可以增加她们的个人魅力。我的一位女同事小仙儿，就喜欢这样戴帽子。她五官清秀，戴一顶贝雷帽或棒球帽，能拉长她的脸型，让五官显得更加立体。不过，由于她将帽子戴得高于额头，经常在地铁上出现因为慌张而弄掉帽子的事。对此，我也给过她一些建议，“你可以把帽子往下戴一点呀，这样就不会掉落了。”但小仙儿并不接受我的建议，她认为往下戴帽子会遮住自己的容貌，但为了避免经常出现帽子掉落的情况，她在帽子上别了几枚隐形卡子，这样才把帽子固定住。

虽然小仙儿戴帽子的方法并没有什么特别之处，但我们可以从心理学的角度分析出她的性格。有心理学家认为，喜欢将自己暴露于大众面前的人，存在想要吸引他人目光的心理。通常，人们在戴帽子时，帽子的边沿处多多少少都会遮挡人们的脸部，有的帽子还会遮挡大半个额头。刻意地将帽子往脑后戴的人，潜意识中认为，帽子遮挡住了自己的五官，这可能会影响他们五官的整体美感。换句话说，他们认为帽檐可能会掩盖自己外表的优势。

这样的人大多过于看重自己的某一优势，他们大多性格骄傲自满，在生活中比较容易放任自我。同时，他们难以承受他人的批评和指责，尤其是对于他们在行为的方面，更难以接受他人的建议。和这样性格的人相处时，不可直截了当地对他们的某一行为进行批评，而应该潜移默化地影响他们。

二、将脸埋在帽子里

在一些娱乐资讯中，我们经常可以看到某明星出行时将帽檐压得很低，尤其是在一些八卦资讯之中，人们甚至根本看不清明星的长相。不少明星被狗仔队曝光恋情、绯闻或负面新闻时，视频上方都会弹出这样的弹幕：“哎呀，狗仔记者怎么拍摄的？根本看不清对方的长相呀！”“哼，这个人肯定不是我家‘爱豆’，又戴帽子又口罩，亲妈都认不出来！”

不少明星、演员在出行时都会将帽子戴得很低，以此来遮挡五官，避免被粉丝认出从而引起不必要的骚动，这是一种注重个人隐私的表现。事实上，在日常生活中，也有人会这样戴帽子，大多原因也是因为不喜欢或不习惯将自己暴露在大众面前。这样的人大多缺乏安全感，存在或多或少的自卑心理。和这样的人交往时，首先要让他走出自我封闭的世界，平时可以主动和他们联络，推荐他们参加一些集体活动，这样才能渐渐消除他们的自卑感。

三、帽子戴得很端正

老一辈的人有这样一句俗语，“歪戴帽，不上道。”这句话是存在一些社会偏见的，在人们没有普及时尚知识之前，人们普遍认为把帽子歪斜地戴在头上，是一种离经叛道的表现。当然，在当下时代，许多年轻人都会歪歪斜斜地戴着帽子，以此彰显自己的与众不同，这和一个人的品行大多无关。不过，这句俗话也并非全无根据，因为在大多数人看来，过于彰显自己的个性并不是一件好事。所以，人们对将帽子端正地戴在头上的人更具好感。

端正戴帽子的人大多性格古板、稳重，有较强的上进心，做起事认真、细心，能够为自己的言行负责任。不过，他们不太容易接受新潮的事物。比如，男生配搭耳钉、文身、染发等等。和这样性格的人交往时，要摸清他们的情绪雷区，因为他们很注重自己的原则、底线，如果你不小心触碰到他们的底线，对于他们而言，这是一件非常难以原谅的事情。

【从装饰看个性】

佩戴恰当的饰物可以提升一个人的格调和品位，绝大多数女性朋友都喜欢佩戴饰物，比如耳环、项链、腰带、手表、手链、手机配饰、钥匙配饰、背包挂件等等。随着人们对时尚追求的提高，配饰已经不再是女性的专属，不少男性朋友也会通过佩戴饰物来彰显、体现自己的格调。比如，在领带上别一枚精致的别针、佩戴袖扣、佩戴手表等等。一些喜欢嘻哈、朋克的年轻朋友，会选择佩戴多种配饰，且大多浮夸、抢眼，符合当下的流行元素。

佩戴符合大众审美的配饰，的确可以成为“点睛之笔”，但佩戴饰物也有讲究，不可过于繁多、凌乱。比如，A 的左手已经佩戴手表，此时最好就不要再佩戴其他饰物了。否则会给人造成一种花哨、不靠谱、标新立异的感觉。

有的人为强调自己的个性，会刻意佩戴浮夸的饰物，走在街上常常引得众人侧目，但他们自己却不以为意。这样的人缺乏归属意识、责任心不强，但心思细腻，能专注于小事的完美。和这样的人交往时，不能经常赞美他的外表，要时常提醒他的责任意识。因为他们已经很注重自己的外在个性了，如果再进行夸赞就会促使他们将心思都花在这些表面功夫上，所以我们要潜移默化地影响他们，增强他们的责任意识。

有的人选择一些精致的单品来彰显个性，例如穿以深色为基础色的服装时，佩戴暗色系的饰品。佩戴精致单品的饰物的人，为人低调，不想引人注目，更能给人一种大方、细致的感觉。还有的人不喜欢佩戴饰品，他们大多在穿着上比较随意，注重舒适感，这样的人大多性格随和，为人处世不斤斤计较。

人体结构与心理学

中国有这样一个成语“物尽其用”，意思是一样东西只有把它放在最适合的地方，才能发挥它最大的价值。其实，在职场中，人也应该“物尽其用”，如果你让一个厨师去写诗，让一个诗人去做程序，显然他们都无法完成手中的任务。

众所周知，人体的基本结构是由细胞构成的，我们拥有四大组织（神经组织、上皮组织、肌肉组织、结缔组织）、九大系统等组织结构，这些塑造了一个完整的人类。换句话说，人类是建立在人体结构的基础上的，所以通过人体组织结构洞悉一个人的内心思想和心理动机，并不是一件匪夷所思的事情。

丹麦著名童话家安徒生的一篇童话故事，就反映出了人体组织结构与心理学之间的关系。

在很久以前，丹麦有一位聪明、英俊的王子，全国的女孩都渴望成为他的妻子。但是，王子并不想随便和一个女孩结婚，他希望自己可以迎娶一位真正的公主。为了寻找他真正的爱人，王子走遍了世界各地，虽然途中他遇到了很多位公主，可他总觉得她们都不是自己要寻找的人。最后，王子只好放弃了这个念头，沮丧地回到了家里。

直到有一天——一个月黑风高的夜晚，天空中突然划过一道闪电，顿时雷声四起，豆大的雨点用力地拍打着窗户。这样的鬼天气真是太叫人害怕！忽然，皇家总管听到门外响起一阵急促的敲门声，这么晚了会是谁呢？

总管赶紧打开大门，发现门外竟站着一个女孩，她金黄色的头发被雨水打湿，紧紧地贴在头皮上，湿漉漉的衣服裹挟着瘦弱的身躯，裙摆处脏兮兮的泥渍让人猜想她可能刚跌了一跤——她落魄极了！然而，这个女孩说的话却让总管大吃一惊，她说，自己是一位真正公主，她希望能在这里借宿一晚。总管赶忙将这件事汇报皇后，皇后见到女孩后，欣然地答应了她的请求，带她来到一个布置华丽的房间，女孩一眼就看见房间正中央摆放着一张垒摞了 40 层床垫的床。皇后笑着对她说："我亲爱的公主，今晚你就睡在这里吧，这些柔软的床垫可以让你睡得舒服一点。"

第二天清晨，皇后招待女孩吃早餐，并问她："昨晚睡得还好吗？"

女孩睡眼惺忪地说："不，我几乎整晚没睡——我躺在床上总感觉床垫下有什么东西硌着我，这一晚上真是太煎熬了！"

皇后听了非常惊喜，她激动地说："哦！你就是王子一直想要找的人——真正的公主！"后来，王子和公主举办了盛大的婚礼，两个人过着幸福、快乐的生活。

那么，皇后是怎么知道女孩是真正的公主呢？原来，在招待女孩住宿前，皇后在最后一层床垫下放了一颗豌豆，隔着四十层床垫，女孩都能感觉到它的存在。试问，除了真正的公主，谁还会有那么娇嫩的皮肤呢？

皇后为王子挑选妻子的办法，就是通过人体组织结构识人的缩影。通俗一点地说，我们可以根据一个人肤色、肌肉、毛发的粗细来判断他的性格特征。

科学家根据人类组织结构的差异性，将人类分为两种类型：粗壮型和纤细型。

【粗壮型】

粗壮型的人，具有“形体粗大，毛发粗硬，嗓音低沉、浑厚”的特点，他们大多性格直爽，勇敢，不拘小节，富有力量、同情心和想象力，做事不拖泥带水，但却有粗心、鲁莽的缺点。粗壮型的人大多不在意细枝末节，比如衣着、发型、指甲等，他们个性爽朗，常常无视场合，想笑就笑，想说就说，具有领导他人的能力，不喜欢和斤斤计较的人做朋友，他们身边的朋友大多也是同一性格，或令他们感到欣赏、尊敬的人。比如《三国演义》中的张飞，书中是这样描写他的：身长八尺，豹头环眼，燕颌虎须，声若巨雷，势如奔马。从外形上来看，张飞身材魁梧，留着吓人的胡子，说话声音粗犷，从他的处事作风来看，有情有义，有崇高的理想和抱负，但是也有粗俗、鲁莽的缺点。他认识刘备和关羽之后，发现三个人志同道合，都有上报国家，下安黎庶之心，当即在桃园义结金兰，张飞还把自己的家产，包括那偌大的桃林一同变卖了，和刘备、关羽一齐打天下。后来关羽遇难，张飞一心想要为兄报仇，却因为性子急躁，被手底下的两名将士杀害了。

【纤细型】

纤细型的人，具有“轮廓柔美，皮肤细腻，毛发柔顺，声音轻柔”的特点，他们大多心思细腻，待人温和，喜爱一些精巧、别致、理想化的东西。也许他们的收入并不高，但他们依然会选择一些价格不菲、做工考究的物品。从这一性格特征中，我们也分析出纤细型的人缺乏吃苦耐劳的品质，他们更注重生活质量，部分人存在强烈的虚荣心。就像在购买一件大衣时，面对一件 2999 元的大衣和一件 999 元的大衣，他们大多会选择前者，因为衣服的价格不仅能代表质量的高低，还能体现他们的品位和格调。

电影《前任攻略》中，导演就把男主角的前女友尚丹的这种心理表现得淋漓尽致。影片中，孟云痛心疾首地叙述着自己和尚丹的爱情故事：“她是我的前女友之一，是个十足的小资，衣服只穿小众品牌，电影只看黑泽明，聊天只聊玛雅文化。跟她在一起半年，我不仅经济差点崩溃，精神也差点崩溃……”

很多人认为，这是导演为了突出人物形象，才夸张了尚丹的种种有趣行为，事实上，这样的人并非不存在于我们的生活中，如果你注意观察的话，就会发现，纤细型的人大多都喜欢出没在环境高雅的场所，比如舞会、歌剧院、古典音乐演奏会等。他们喜欢和温文尔雅的人交往，当然，他们自身也是这样的人。

如果你喜欢的女孩具有纤细型人的特点，比如精致的脸庞、窈窕的身材、柔顺的头发，那么在和她交往时，你需要注意以下几点。

第一，不能对她大吼大叫；

第二，和她约会时，要保证自己整体形象整洁、干净；

第三，在选择约会地点和餐厅时，可选择环境较为高雅的场所，最好不要带她去参观街头艺术或展览，她大概对那些并不怎么感兴趣。

通过观察人体组织结构，来了解、判断一个人的性格、行为动机，并不是没有可能，只要抓住组织结构和心理学之间的微妙关系，练就一双识人慧眼并非难事！

通过肤色识人

我曾读过这样一个故事：那是在欧洲的一个城市，男孩问起自己的母亲："为什么有的人皮肤是黑色的，有的人皮肤是白色的？""亲爱的，上帝为了让这个世界变得更加美妙，所以他创造了不同肤色的人。"这位母亲为保护孩子的想象力，给出了这样的答案。事实上，人类的诞生并非上帝所创造，而造成人类肤色不同的原因，是由人们生存地域的差异造成的。

我们根据人类不同的肤色，将人类分为四种：黄色人种（亚洲人种）、白色人种（高加索人种）、棕色人种（大洋洲人种）、黑色人种（非洲人种）。

科学家经过长期的探索和研究发现，人类的祖先最早生活在赤道附近，由于那里属于热带、亚热带地区，紫外线比其他地域更为强烈，于是大自然赋予了人类褐色的肤色和眼睛。随着时代的变迁，人们发明了火种，于是人类不再局限生活在热带、亚热带地区，一部分人类开始了征服世界之旅。经过长途跋涉，他们从温暖的南方迁徙到严寒的北方——北方地区天气寒冷，阳光明显减少，为适应新的生存环境，人们机体中的黑色素逐渐减少，肤色和眼睛的颜色也渐渐变浅。

在之前的章节中，我说过，人类性格的形成和他们的生存环境是有直接关系的。追溯到历史长河的前端，寒冷的北部地区环境恶劣，人们主要靠捕鱼为生，为了保障基本的生活需求，他们需要通过和其他居民打仗获得渔猎场所，天长日久，这使他们形成了目光敏锐、勇于挑战、竞争意识强烈等性格特征。反观生活在南方的人类，他们的生存环境相对稳定，所以便形成了坚韧、稳重的性格特征。

由于肤色和性格特征的关联是人类适应大自然的结果，所以在现代社会中，即使不同肤色的人生活在同一地域，这种传承了上百万年的联系也不会因此而消失。

德国博物学家海克尔认为，我们可以根据肤色将人类分为两大类——深色皮肤的人和浅色皮肤的人。对于欧洲人而言，亚洲人就是深色皮肤的人。换句话说，无论是深肤色的人还是浅肤色的人都可以对肤色进行更细的划分。比方说，亚洲人由于生存环境的不同，生活在热带地区的人肤色比北方的居民的肤色更深。

艾米在一家传媒公司当高管，最近她为手底下的两名新员工苦恼不已，她说，小莉是个非常踏实的女孩，交代给她的任务总能按时完成，但她平时不爱讲话，让她汇报工作总是支支吾吾，表达不清楚。而袁泉虽然能说会道，但她总是无法聚精会神地完成工作，艾米几次提醒她都无济于事，这让她感到很头疼——这两个女孩都很聪明，性格也好，吃苦耐劳，艾米很想提拔她们，可她们性格上的缺陷却令艾米感到很是为难。

直到上个月，艾米的一位心理咨询师朋友去公司找她，听她抱怨完自己的烦恼后，朋友让艾米把两个女孩叫到自己面前，说替艾米开导开导这两个姑娘。袁泉和小莉来到办公室后后，不等艾米开口介绍，朋友便对一个肤色比较浅的女孩说：“我想，你平时一定很喜欢参加集体活动吧。”袁泉对此感到很诧异，但一秒过后便和朋友交谈起来。

“对呀，我很喜欢跟着艾米去采样、筹备一些活动的事宜。”

朋友笑着对小莉说：“我想你更喜欢艾米安排你做文案之类的工作吧。”

小莉露出一个腼腆的微笑，回答说：“艾米姐让我做什么，我就做什么。”朋友和两个女孩寒暄几句后，便让她们回到自己的工作岗位上，随后他对艾米说：“我已经找到解决问题的办法了。”

“你有什么办法能让小莉变得开朗一些，让袁泉变得稳重一些？”艾米问。

“办法很简单，那就是给她们分配更适合自己的岗位——小莉性格稳重、细心，袁泉性格果敢、大方，只有让她们在正确的位置上，才能真正发挥她们的价值。”后来，艾米按照朋友的建议，把与袁泉调去了销售部，把小莉调到了编辑部，两个人很快就适应了新的岗位，业务能力也比之前提高了许多。

事后，艾米问起朋友是如何判断出小莉和袁泉的性格，朋友说：“袁泉的肤色比较浅，我便判断她可能适合从事更具有挑战性的工作，而小莉的肤色比较深，说明她的潜在性格更喜欢稳定的工作。”

上述故事中的心理咨询师，就是通过肤色心理学了解到两个人性格的不同。现在，你掌握肤色心理学的奥秘了吗？

职场达人是如何装扮自己的?

当今社会，人们的外在形象很重要，尤其是在职场中。而一个人的打扮也能反映出他对待工作的态度。很多时候，你的衣着打扮决定了你在职场中的境遇。

前段时间，微博上的一个话题引起许多女孩的共鸣——女孩上班为什么不化妆？不少女孩在话题下评论说，“当我对公司感到失望时，觉得化妆上班简直是在浪费我的化妆品！”“刚开始来到这个公司时，我每天洗一次头发，一段时间以后，两天洗一次头发。现在，到了第三天，我直接把头发梳成马尾辫！”“办公室里没有帅气的男同事，我化妆给谁看？”“以前上班前还卷个刘海，现在刘海岔开都不管。”“工作的时候，穿什么样的衣服舒服就穿什么样的衣服，漂亮衣服都是留给假期的！”

这些热门评论引起了许多女生的共鸣，是啊，我已经被录用了，工资照旧拿，谁还会注意我穿什么样的衣服、化什么样的妆容？自己舒服、开心最重要了。

那么，事实上真的是这样吗？

试想一下，如果你作为公司的高管视察员工的工作，向你汇报工作的 A 同事西装革履，身板挺拔，一副神采奕奕的模样，而另一位 B 同事披头散发，脸色黯淡无光，好像一副没睡醒的模样，你对这两个人会留下什么印象?

A 同事把精力都花在整修自我上了，他的工作情况肯定存在问题；B 同事一脸倦色，昨晚肯定是因为加班没休息好，这样的好员工可不多啦。

显然不是！你只会觉得 A 同事有较强的自我管理能力，相信他对工作能够认真负责，而 B 同事这副得过且过的样子，难降大任啊！

当你灰头土脸、不施脂粉地去上班时，这并不能代表你对公司失去了信心，而是说明你开始失去提高职位或薪水的机会。试问，有哪位领导、高管，会器重一个缺乏自控力、上进心的员工呢?

如果你想要获得领导的赏识，或者说，想要公司给予你更宽广的平台和机会，你所要做的不是递交一封辞职信，将求职信投进一家更具实力的公司，而是俘虏领导的目光，让他发现你的价值和创造力。没有不惜才的领导，只有因懒怠而被埋没的黄金。

【自我包装：服装】

不只是领导，就拿我们自己来说，如果你看到一个人总是穿着随意，你会对他产生什么样的印象？是率性，认真吗？恐怕大多数人都会认为，他是一个工作不够严谨、负责任的人，而在以后的交往中，也会在无形中对他产生抵触或打压心理。所以说，我们在工作中，不可抱有“随意心理”，衣着整洁、干净、得体，不仅能提高我们的自信心，还能给领导留下精神饱满、干劲十足的印象。

【自我包装：妆容】

人们都说，这个世界上没有丑女人，只有懒女人。这句话确实所言不虚，在职场之中，漂亮的女人总能占据优势。有的女人说:“我最看不惯那些以色侍人的女人了，仗着自己漂亮，当个花瓶，吃几口青春饭，这样的职业生涯我可不屑要。”

说这样话的人，难免存在吃不着葡萄就说葡萄酸的心理，如果你不屑于在职场中当个摆设，那你可以利用“花瓶”的优势，发挥你存在的价值。换句话说，一个赏心悦目且能力突出的女人和一个能力突出但平凡无奇的女人，你更欣赏哪一个？

“花瓶”不是女人在职场中立足的目的，但却是女人可以运用的手段。所以，请不要再信奉那些所谓的“女人职场共鸣”，即使你的单位没有帅气的男同事，你也应当为自己而容；即使穿运动装会令你感到舒服，你也应当选择适于职场的服装；当然，当你对公司的待遇、任务感到失望时，更不应该潦草地打扮自己，而应凸显你的魅力和价值，一块真金，即使暂时被埋没，但它总有发光的那一天。

【自我包装：自信】

我认为的自信，是指从内心深处肯定自我、认同自我，了解自己的优势和劣势，在生活、工作中能够扬长而避短，在经历苦难时，依然相信自己可以东山再起。就像伟大的爱因斯坦，他能够取得如此成就，焉知不是因为对自己的肯定？

当爱因斯坦提出“相对论”后，很多人都对他的理论提出了质疑和反驳，甚至有人总结了众多反驳者的言论，来声讨爱因斯坦。

“如果我的理论是错误的，一个反驳就足够了，但是一百个‘0’加起来，它的结果依然是‘0’。”这是爱因斯坦对反驳者的回应。他自信自己的观点是正确的，而且他不是盲目自信，在后来的研究和探索里，越来越多的声音开始相信“相对论”，最终使这一伟大理论为世人接受并深信不疑。

自信，是我们最好的包装，比起华丽的衣服、精致的妆容，它更能体现一个人的精神世界，拥有自信心，并拥有不言失败、不畏艰难的勇气。但是，现时代不少人由于“心灵鸡汤”影响，从而变得过度自信，甚至是盲目自信。

有人说，自信之人有傲骨，而盲目自信之人只有傲气。是的，我们不要做一个自卑的人，但是在坚定自己的能力时，也要注意，切不可盲目、过度，否则你将会因没有自知之明、为辩驳而辩驳失败。

第五章

职场微表情，看不懂就要吃大亏

每个人都需要学点自我掩饰术（适时掩饰心理很必要）

莎士比亚在《第十二夜》中这样写道："他是一个聪明人，所以才懂得装糊涂。其实，要想成为一个糊涂人，就更需要足够的智慧。"自古以来，我们常听人说"难得糊涂"，可这与莎士比亚在书中所言别无二致。

在自然界，无论是动物、植物，还是人类，生命想要存活下去就必须掌握一项被动技能——自我伪装。

大多数人都认为"伪装"是一个贬义词，它代表着虚伪、虚假和恶意。事实上，"虚伪"和"伪装"是两个有相似之处，但却并不相同的词语，"虚伪"是人性道德上的缺失，而"伪装"是先天或后天具备的某种自我保护的能力。

古人言："花开生两面，人生佛魔间。"任何一个个体，都具有它的两面性，就像一片花瓣却有正面和背面一样。花瓣的正面，因受紫外线照射，所以颜色更艳丽；而花瓣的背面，却因接触紫外线的照射时间较短，颜色也就暗沉一些。

人类，也是如此。

我们也拥有人性的两面，甚至是多面。只不过，我们的伪装取决于交往的对象，在某些特定的情景下，我们故意做出一些举动，也就是平常人们所说的"作秀",以此降低自己损失,收获最大的利益。

《三国演义》中第四十二回中这样写着，长坂之战时，曹操的大军将刘备的军队团团包围，刘备虽然带兵突出了曹军的重围，可他的小儿子刘禅却危在旦夕。这时，赵云只身冲进曹军，终于将襁褓中的刘禅救了出来。

刘备看到儿子安然无恙心里高兴，却面色不悦，他厉声骂道:"就为了一个幼婴，竟然害我的爱将陷入这等险境！"说罢，将刘禅扔到了地上。赵云心里感叹万分:"我在主公心里的位置竟然这么重！日后，我必定对他忠心耿耿，效犬马之力！"

这么一看，刘备当真是重情重义之人，竟然能为了自己将士而不顾幼子的生死。不过，如果我们客观分析刘备的举动，不难看出，其实刘备摔阿斗不过是"作秀"而已。书中在描写刘备的容貌时，说刘备不同于常人，他的手臂过膝，犹如猿猴，想一想，刘备的手臂那么长，做"摔阿斗"的动作时很有可能不是像扔东西一样，狠狠地将幼子扔了出去，而是将幼子放在了地上。

俗语说，虎毒不食子。难道刘备真的忍心摔死自己的孩子？若当真如此爱重赵云，在他冲进曹军营救阿斗时，刘备何不哭着阻拦说:"我儿子的命不值钱，我更看重我的好兄弟！"其实，刘备摔子是假，他真正的目的是要赢得赵云的绝对忠诚和敬重。可见，适当地作秀不仅会让他人觉得自己大公无私，还会获得他人的拥护和爱重。

当然，现代社会已经摒除了"君命臣死，臣不敢不死"的狭隘思想，那么，作秀在现实社会又能起到什么作用呢?

在这个互联网当道的时代，许多艺人、群众一夜走红，借助的就是“作秀”。如果没有一个合适的契机，没有一个足以吸引眼球的事件，难道单凭一张脸、一个人就能被广大网友熟知吗？在一个简短视频火爆网络的背后，是每个策划者、执行者殚精竭虑策划的一场作秀演出，也正是作秀，让观众看到了他们的潜力和创造力，帮助他们接近，甚至达到了成功。

Linda 考研失败后进入一家传媒企业。一般来说，职场新人到单位都会夹着尾巴做人，和同事们搞好关系。Linda 也是如此，经常和同事们分享零食，约着一起团购瑜伽班，很快就和同事打成一片。

工作一段时间后，上司觉得 Linda 挺有想法的，就让她和周姐负责策划工作。好几次晨会的时候，上司都表扬了 Linda 做的方案。有一次，上司让她们俩做招商案，Linda 做好后就去楼下吃饭了。碰巧那天她爱吃的寿司卖完了，于是就买了一桶方便面回去。刚到办公室门口，她就看见周姐看自己的电脑。

为了避免尴尬，Linda 到休息区吃完午饭，再回到办公室时，周姐已经回到自己的位置了。Linda 猜测周姐可能是在看自己的招商案，就重新做了一套方案。后来在会议上，Linda 看到周姐 PPT 的板式跟自己之前的方案一模一样。

不过这对 Linda 来说是件好事，此后在办公室她对周姐一切如常，但却会多留个心眼，提防周姐。

可见，我们不应该鄙视、不屑于自我伪装，每个人都需要学点自我掩饰术！

【有时，你需要扮演绿叶】

影视作品也好，现实生活也罢，上帝将人们的角色区分为两种——主角和配角。我们在自己的人生中，便是唯一的主角，亲人、爱人、朋友，是渲染我们的人生色彩的角色，至于那些泛泛之交，更是龙套角色，出过几次镜，便可杀青离场了。虽然我们在自己的人生中是主角，但是在他人的生命里，我们无疑是衬托他人的配角。

因此，当我们处于他人的生命之中时，即对方牢牢地掌控着主动权，渴望交往者按照自己的思维走时，此刻，如果我们坚持视自我为主角，那么就无法实现和谐、有效的沟通。因此，想要实现有效社交，最好的办法就是在他人的生命剧本里扮演配角。

在与人交往时，互相尊重是非常重要的，当他人渴望表现、展示自我时，我们就不要一味地压制对方，如果我们强迫对方服从任务或建议，这样只会使彼此双方产生隔阂，甚至产生互相抵触的情绪，从而导致彼此关系恶化。因此，我们要注意他人的表情反应、肢体动作，在他人的剧本里，做一个完美的配角。

【装糊涂】

其实，真正聪明的人不一定在任何情况下，都要显露出自己的智慧与才能，那些不显山、不露水，懂得适时绽放光芒、适时“糊涂”的人，方才是真正的聪慧之人。

在与人交往的过程中，我们常常会被人问到一些不方便回答或较为隐私的问题，此时如果直接告诉对方，“你的问题冒犯了我”，不仅有失风度，还会给人造成难以接触、小肚鸡肠的人印象。但是，如果正面回答对方，你口中的真相也未必是其他人可以接受的。这时，“装糊涂”便是最好的回应方法。

乾隆年间，刘墉深得乾隆皇帝的器重，除其有安邦定国之才外，还因为刘墉“难得糊涂”。乾隆皇帝曾问过刘墉这样一个问题，“京城里住着多少个人？”

想必那个年代朝廷也未必每年都会进行人口普查，即使记录在册，刘墉不在其位、不思其职，也不清楚人口问题。可皇帝已经开口询问，若不回答，就是抗旨不遵；若回答，编纂一组数据，皇帝必然会深究，不叫他说出个所以然来，怎会罢休?

既然已经陷入两难的境地，此刻唯有糊涂应答才是最好的办法。于是，刘墉答道:“两个人。”

皇帝听后颇有兴致，便问:“偌大的京城里，怎么会只有两个人？”刘墉答:“天下的人民再多，也只有男人和女人，这难道不是两个人吗？”乾隆深以为然。

古人提倡“中庸之道”，可见，中庸思想是存在道理的。正所谓过刚易折，锋芒太盛，难保不会树大招风；回避锋芒，不与人针锋相对，才是处理人际关系的最好办法。

【控制自己的肢体语言】

有道是知人知面不知心，我们没办法通过一个人的外表，了解到他的所思所想，这是因为人们都会刻意地伪装自我。前文中说，微动作、微反应是不受大脑操控的无意识行为，我们可以通过心理学揣度他人的内心世界。但是，单向表达的微反应并不精准，我们可以通过反复练习，控制、调整自己的微动作、表情，乃至反应。虽然这样做不能保证绝对不会被人识破，但是至少可以起到一定的伪装作用。

控制肢体语言，并不是单纯意义上的控制某一动作。比如说，体操运动员所做出的每一个动作，都是经过系统的训练，产生的记忆性习惯动作，这并不属于控制肢体语言。

言简意赅地说，控制肢体语言，也就是控制身体的应变能力，即使受到了什么刺激，也能够处变不惊、镇定自若。比如，在上司提拔你时，不会沾沾自喜、得意忘形；在同事诬陷你时，不慌张失措，如此才是消除流言的最佳办法。

当然，人们是很难真正意义上控制微动作、微反应的，即使你很善于伪装自我，也无法回避身体的一些条件反射和本能反应。虽然人们的伪装存在破绽，但这也说明解读肢体语言的意义和作用，学习和掌握如何解码微反应，是很有必要的。

别做那只炫耀羽毛的极乐鸟

人在独自一人时，是不会产生炫耀反应的。也就是说，只有在和其他人相处时，人才会产生炫耀自我优势的情绪。因为我们不会对着镜子，自我炫耀！

我想大家对炫耀这个词并不陌生，也许你的身边经常有人炫耀自己，也许你就是那个炫耀自我的人。词典对炫耀的解释是，它源于人们对他人的赏识、认同的渴望，换句话说，它衍生的意思是，希望通过彰显自己的优势，来获得他人的认同，从而实现自我价值的肯定。

很多人都存在“炫耀反应”，但值得注意的是，并不是每一个人都存在这种心理和意识。通常来说，那些越渴望得到他人认同的人，越会想要在众人面前炫耀自己，由于他们内心过于在意他人对自我的肯定，所以炫耀心理也就越发强烈。有的人可能终其一生，都不会去炫耀自己的优势，而有的人却可能一辈子都在为炫耀而活。

尽管我这么说，但值得注意的是，炫耀，并非是一种完全负面的心态。炫耀，是注重认同感的一种表现。认同感是群居动物的本能，比如，一只毛色不一样的藏羚羊，可能会因为受到同伴的排挤郁郁而终，但是猎豹就不会，它们不在乎其他同伴的目光。

除人类以外，世界上有很多生物都是社会性动物，比如昆虫（蚂蚁、蝗虫）、海洋动物（鲸鱼、海豚）、犬科动物（狼、狗）、灵长目动物（猿猴、狒狒）、食草动物（角马、羚羊）、啮齿目动物（老鼠、兔子）、鸟类（天鹅、大雁）等，不过有一种动物比较喜欢自由，它们缺乏社会性和认同感，那就是除狮子以外的猫科动物，所以民间才流传“猫儿奸臣，狗儿忠臣”的俗语。一些生物学家经过多年的研究和探索，发表了和这句俗语别无二致的观点：犬科动物相对来说，比猫科动物更具有社会性。

虽然炫耀不是一种完全负面的心态，但是如果炫耀占据一个人主要生活，就会像可悲的极乐鸟一样——

人们最早发现极乐鸟，是在澳大利亚的森林里。人们第一次见到它们时，就被它们五彩斑斓的羽毛吸引住了。那是其他鸟类都没有，也不可比拟的漂亮羽毛，由于颜色漂亮又罕见，人们给极乐鸟还取了个别称，叫作天堂鸟。

在极乐鸟繁殖的季节，雄鸟会展开自己的翅膀，露出漂亮的羽毛来吸引雌鸟，然而那些缤纷的羽毛不仅吸引了雌鸟，还吸引了人类的目光。当地的居民会猎捕极乐鸟，用它们的羽毛做头饰，为自己增添美丽。几百年过去了，随着当地居民的经济、文化发展得到提高，他们将漂亮的羽毛进行了出口，这为他们带来了相当大的利益。于是，在澳大利亚的森林里，极乐鸟遭到了过度的捕杀，现在它们已经濒临灭亡了。

可见，正视炫耀反应是很有必要的。

心理学认为，人类形成炫耀心理需要三个基本条件：炫耀的事物、他人的肯定，以及炫耀的对象。

【炫耀的事物】

一般来说，人们会选择炫耀自己擅长的技术，或自认为正面的、能获得他人肯定的优势。比如，家庭环境、学习成绩、艺术特长、长相、身材等，这种炫耀可能是一种行为，一种优势，也可能是一种品质。

前段时间，新闻进行过这样的报道，小学一年级学生通过直播平台，炫耀家人送给她的生日礼物，其中不乏国际品牌产品，比如香奈儿的润唇膏等。

其实，这就是一种对自我优势的炫耀。令一个小学一年级学生产生这种炫耀思维的原因，和她的生长环境有直接关联，可能她的家人经常给她灌输金钱、品牌的观念，这才使原本天真无邪的孩子，陷入负面心态而无法自拔。

炫耀是一个具有一定贬义性色彩的词语，这并不是一个很好的品质。尤其是在职场中，过分炫耀自己的优势很容易被人讨厌，从而吃一些隐形亏。

前阵子公司入职了一个新同事小星，刚从新加坡留学回来。原来大家都挺欢迎她的，可相处一段时间后，好几个同事都不怎么爱搭理她了。

有一次，唐琳和小星一起去逛商场。一路上，小星都在说她在新加坡的经历。

“去新加坡旅游的国人太多了，经常能在街上偶遇同胞……”

“你出国旅行过吗？”

“哎，你真应该去国外看看，外面的世界比你想象的精彩多了……对了，下个月我要去香港，你需要我帮你带什么吗？”

两个人逛商场累了，就去一家咖啡厅休息。她们坐的位置正好能看见一层大厅，那里建设了一个儿童乐园。小星说：“新加坡的商场也有这种设施，有时候还会举办活动。”

唐琳面无表情地说：“国内的商场不都有吗？”

从那以后，唐琳再也没有和小星单独出去玩过。她吐槽说，小星人不错，可爱炫耀出国经历的这一点，她实在忍受不了。

不光是唐琳，大多数同事都无法忍受小星这一点，这导致愿意和她一起吃饭、下班的同事越来越少。后来小星辞职了，她说公司的同事都太没人情味了。

【他人的肯定】

世界上的每一个人，都渴望得到他人的认可和肯定，可以说，这是人类的一种本能。有的人可以通过自我肯定实现这种心理需求，比如，我在规定的时间内完成了工作计划，我的付出足以让我取得心理上的成就感；而有的人却需要在自我肯定的同时，收获其他人的认同，从而实现这种心理需求，于是他们在完善自我的同时，还会向他人展示自我，也就是我们所说的炫耀。

【炫耀的对象】

人在独自一人时，是不会产生炫耀反应的。也就是说，只有在和其他人相处时，人才会产生炫耀自我优势的情绪。因为我们不会对着镜子，自我炫耀！

心理学家将炫耀反应大体分为两种：第一种，是自我炫耀；第二种，是压抑炫耀。

一、自我炫耀

自我炫耀是建立在自我肯定、认同某一方面的优势的前提之下的。也就是说，某一件事或某一行为，令我们自己感到骄傲、自信、得意，综合这样的情绪做出的炫耀反应，我们称为自我炫耀。它最大的特点是，炫耀者会呈现一种得意扬扬的状态，我们可以通过他表情的运动来判断：嘴巴微微张开，眼睑眯合，眉毛松弛，身体也呈现出一种轻松、舒适的状态。

我们经常看到推销员这样做，他们扬扬自得地炫耀自己的产品有多么棒！例如上周我在商品遇到的一位销售员，当我的视线落在一双皮鞋数秒钟后，她满脸笑容地走到我面前，眉飞色舞地和我说起这双鞋子的优点："小姐，这双牛皮鞋是手工制造的，手工擦色，非常能凸显一个人品位。而且，我们店里的这双鞋子您是不会买亏的，无论商场做什么活动，打什么样的折扣，我都能向您保证，它永远都不会降价！"很显然，这位销售员的行为其实也是一种炫耀，对她所经营的品牌的一种炫耀。

二、压抑炫耀

自古以来，我们讲究中庸之道、韬光养晦，不可得意而忘形。因此，大多数人在炫耀自己时，都会进行一些铺垫或遮掩，尽可能不让其他人发现，"我在做一个大部分人都讨厌的人。"我的一个叔叔就是喜欢"低调炫耀"的人。他喜欢盘核桃，前两几淘了一对闷尖狮子头，天天握在手里盘。甭管是懂行，还是不懂行的，逢人便轻咳一声，假装漫不经心地说："前些日子淘俩核桃，瞧瞧，瞧我这怎么样？"

不懂行的看不出门道，当对方问起时，叔叔就会耐心地解释道："嘿，现在这玩意儿可容易得！"接着，把这物件好在哪儿、怎么得的，怎么品评，详细地告诉他。懂行的看出门道，夸赞这物件好时，叔叔就会悠然自得地说："嘿，那可不！你看看我这个，这不是跟你吹，你满大街找去，这根本找不着！"

很好用的表情回应术

除语言以外，表情也是回应他人的沟通技巧之一。学会用表情回应对方，能让人与人之间的沟通更加融洽。

我们在与人交谈时，如果遇到对方在说话，自己想说话却不好打断他，这时我们就可以用表情对对方的话做出回应。虽然我们没有开口，但却能让对方一眼就能从我们的表情中获知想表达的内容。如果我们能掌握运用表情回应术，那么，我们和他人的沟通将会更加融洽。

【微笑】

张炳是我们公司市场部的同事，但几乎整个公司的人都认识他，因为他身上有一种突出的亲和力，和他交谈能够让人觉得心情愉悦。这是因为他常常以一副灿烂的笑容面对大家，和每个同事，哪怕是其他部门不认识的人，他也会给人以微笑，大家对张炳的印象都很深刻，每次需要找其他部门同事或负责人签字、拿资料时，他们部门的经理都会让他去做，说他人头最熟，做什么都方便。

在和人交往时，面对一个微笑的人，我们都会有诉说的欲望。所以说，微笑是一种促进沟通的表情，它代表了友善、关切和鼓励。当一个人对你扬起笑脸，即使当时你处于心情不佳的状态，也会觉得昏暗的世界里照进来一丝光亮，不仅不会对他产生反感，甚至还会因此而转换好心情。

所以，我们在与同事、领导沟通时，也可以保持灿烂的笑容，这样不仅能增强他人的好感，还可以提升对方对自己的信任感。不过，这只适用于一般性的沟通，如果同事、领导对我们提出质疑或意见，再露出微笑的表情就不太适合了，这时我们可以眨一下眼睛，这个动作可以令对方感受到，你在认真地倾听。

【重重地眨眼】

邵元之前得罪了客户张总，还给对方留下了不负责任、在公司混日子的印象，经理很生气，就让芳芳负责和张总对接，并且一再叮嘱芳芳，切不可再出纰漏。芳芳一连加了三个晚上的班，重新制定了计划书等相关工作事项，她很自信新方案一定能让张总眼前一亮。

可是让她没想到的是，由于之前邵元留给张总留下了坏印象，他厌屋及乌，也不太喜欢芳芳，说话的口气也很是严厉，言辞中还有不少抱怨的意思。

芳芳原本想跟张总好好地解释一番，但又不知如何开口才好。最后，由于没有想好合适的说辞，便没有开口说话，只是在张总说话的间隙，适时地重重地眨了一下眼睛，并伴随着点了点头，表示一定会根据张总的要求来改产品方案。

张总觉得她的态度很好，语气和也不那么刁钻，主动提出先看一看芳芳新提的方案，最后还同意了芳芳的方案。

在与人沟通时，偶尔重重地眨一下眼睛，特别是在对方心情不佳时，通常能够让对方感受到自己被人尊重。眨眼睛既不会显得过于迁就对方，又能表示自己对他人的尊重，是一种很好的表情沟通术。而且，在和人交谈时，重重地眨一下眼睛并随着点一下头，效果会更加显著。值得注意的是，点头时的频率不能太高，否则对方会以为你是在敷衍他。

你必须听懂领导的调调

人人都说，职场如战场，因此，我们不仅要学会听懂领导的弦外之音，还有学会听懂领导的语调，了解领导说出这句话的深意。

在日常交际活动中，语调也起到重要的作用，可以说，它是语言的“灵魂”。语调能够反映出语音中除音质特征之外，音高、音长、音强等方面变化的音调特征。我们可以通过它表达完整意思和思想，以达到沟通和交流目的。语调可以表现出以个人的喜怒哀乐、赞成或反对、爱或恨等情绪，这些情绪因素不仅体现在词语的选择上，还体现在我们说话的声音、语调上。

人人都说，职场如战场，因此，我们不仅要学会听懂领导的弦外之音，还有学会听懂领导的语调，了解领导说出这句话的深意。

【降抑调】

贾芸是一名化妆品销售员，业绩一直排在公司所有销售员的前几名。可是，最近她的销售业绩却开始下滑，尽管贾芸也在想办法解决，可就是不见起色。上周，经理特意来找贾芸，询问她是不是生活中遇到了什么麻烦。贾芸坦言自己并没有遇到麻烦，也表示了自己会再接再厉。经理拍了拍她的肩膀，说：“贾芸，你的努力我都看在眼里，只是业绩没怎么上去，我们还得加把劲！”

显然，这位经理使用的是“降抑调”，这种语调一般用在感叹句、祈使句或表示自信、赞扬、坚决、悲痛、愤怒等感情的句子里。经理之所以用这种语调，是因为他很看重贾芸，希望能通过给予她鼓励，帮助她能尽快调整自己。

经常使用这种语调的领导大多比较宽容，愿意给他人改正错误的机会，同时也愿与下属同甘共苦。这种语调，往往给人一种语重心长的嘱咐与祝愿的感觉，比批评更能让下属容易认识和提高自我，不失为一种良好的鼓励方式。而且，偶尔的失败也不会改变他对你的肯定，所以，当你出现错误或纰漏时，可以大胆地向他承认自己的错误，因为对方并不会因此而责备你，他更希望看到一个勇于改正自我、充满自信、越挫越勇的员工。

【曲折调】

以前出版公司的同事小棠曾因为疏忽大意，没有检查出封面上的错误，就直接将打印好的样张送去了出版公司。一个月后，新书印刷出版，小棠拿到样书时，这才发现了错误，可是为时已晚。为此小棠的心里很内疚，她不知道应该怎样去面对领导，可思来想去，觉得领导早晚会知道，于是硬着头皮去向领导报告了此事。领导听完报告后，说：“小棠呀小棠，这是绝不允许出现的错误啊！你怎么现在才发现，你当时怎么不用点心，怎么能……唉！”

“曲折调”多用于表示特殊感情，比如讥笑、讽刺、强调、夸张、惊异等。在使用这种语调时，一些音节会特别加重、加高或拖长，形成一种升降曲折的变化。由于小棠犯了非常严重的问题，可事情已经发生了，这位领导虽然没有过分批评小棠，但是对她的讽刺与失望在其语调中已经展现出来，显然已经气愤到无话可说了。这种情绪，只要稍微敏感一点的人都能听得出来。

如果你工作上出现失误，听到了领导的这种语调，承认错误时的态度一定要非常诚恳，而且不要有任何顶撞和解释，因为对方正在气头上，他要的是结果，而不是过程，任何解释在他眼里都是多余的。所以，放低姿态是保护自己的最好方式。

【高升调】

昨天下班以后，我和小王留下来加班，过了一会儿，老板从会议室走出来，看到人们都走得七七八八了，就对小王说，让她通知所有人，明天下午两点半开会。

第二天上班的时候，我原本以为小王是因为当时我再场，所以没再提醒我下午开会的事。可没想到，她居然把这件事情给忘记了。下午上班时，由于大家都不知道，七八个同事外出采访去了。小棠这才想起来开会的事，连忙打电话通知他们，可大家已经在外面做事了，立即往回赶也回不来。结果到了两点四十分，还有四五个同事没赶回来。老板把文件夹往桌子上一排，说：“不等了，现在开会！”

这里使用的是“高升调”，即先低后高，这类语调多在疑问句、短促的命令句子里使用，或者是在表示愤怒、紧张、警告、号召的句子里使用。很明显，这位领导对那些迟到的人员非常不满，但却没有追究下去的意思。

通常领导使用这种语调，是因为你的工作没有达到他的要求。值得注意的是，如果你是第一次没有完成任务，领导不会多说什么，但是如果你下次不改正的话，他会新账老账一起算。因此，在职场之中，我们一定要细心对待工作的每一个细节，这样才能获得领导的赏识。

赢得好感，关键在于表现

有人说，生活是一场没有剧本的演出，表演得好就能名利双收；表演得不好，演砸了，你失去的不只是一个机会，甚至是自己的声誉。

在这个世界上，有多少人会喜欢你，又有多少人会讨厌你？有人说，生活是一场没有剧本的演出，表演得好就能名利双收；表演得不好，演砸了，你失去的不只是一个机会，甚至是自己的声誉。这句话听起来有些荒唐，但是细想来看，我们在和亲人、朋友、同事、领导、客户，乃至陌生人交往时，不都是想出演讨人喜欢的角色吗？只不过有的人演技炉火纯青，而有的人却因为演技太差而弄巧成拙。

比如，甲在自己的女神面前卖力表演了一个多小时，替她夹菜、给她倒水，离位时替她拉开椅子，可女神却只是礼貌地笑笑，并不给甲进一步发展的机会；乙口若悬河地把产品夸上了天，可客户只是翘着二郎腿坐在沙发上，虽然满脸笑意，却不开口说话，乙在心里嘀咕："他对我介绍究竟满不满意？"丙这两天有些闷闷不乐，前几天老板还说要提拔他，可一扭脸，就让爱拍马屁的丁当了主管，丙真想去问问老板，自己到底比丁差哪儿了，为什么他欣赏丁却不欣赏自己呢？

甲、乙、丙的失败，归根结底都是因为他们没有获得目标对象的好感，而丁却因为深得老板好感，获得了平步青云的机会。可见，想要赢得机会、机遇、爱情，首先我们要获得他人的好感度。

提成一个人对自己的好感度的方向很广泛，比如衣着整洁、举止有礼、房间整齐、乐于助人等等。这些大的方向几乎人人都知道，所以我们便不再详谈，下面让我们来看一看，如何通过小细节，在不经意间增加他人对自己的好感度。

【注视的目光】

相信大多数人都有这样的经历：自己在和几个人会面时，会犹豫到底先和哪一个人打招呼。有的职场前辈认为："应该先招呼身份贵重的人。"其实，这并不是最好的解决办法，一方面，这会给对方造成"拜高踩低""趋炎附势"的印象；另一方面，对于不太熟悉的客户、同事或朋友，分辨对方哪一位身份贵重也是一个难点。

其实，在约会、谈判、接待等活动中，如果你不知道在人群中先和哪一个人对话，那么可以先观察他们的眼神，而那个目光始终注视着你的人，就是那个最应该被你重视的人。

俗话说："事不关己，高高挂起。"尤其是因为在这些活动中，人们通常都是具有目的性的交往，因此，哪怕你们互相不太熟悉，但存在利益关系的人一定会关注着你，而他也是你最应该重视的人。

【注意他人反复交代的事】

通常来说，人们对一件事越发在乎，就越会反复提起或叮嘱这件事。例如，上个月公司的大股东和几位经理来了，主管让小棠下楼去买几杯咖啡，小棠准备外出时，主管又叮嘱了一遍有一杯黑咖啡加半糖。回来后，果然那杯黑咖啡是买给大股东的。

一件事情是否重要，从对方在乎的程度就能看得出来。这是一种不由自主的反应，很可能他已经和你说过很多次了，但他依然会对你反复叮嘱，生怕你会忘记。如果你重视并完成了他交代你的事情，那么，他一定会感到很高兴。在接下来的时间里，你们的交涉也将会更加顺利。反之，如果他的事情没有得到足够的重视，你们的合作将会变得非常艰难。

不做“白莲花”

善良、可爱的“白莲花”小姐只适合出现在偶像剧中，而在职场上，你必须佩戴铠甲。

我们经常在偶像剧里看到“白莲花”角色，她令观众们又爱又恨，爱她美丽的容貌，爱她的纯真善良，爱她奋不顾身的勇气；同时，也恨她的愚蠢，恨她使自己和朋友陷入为难之中，恨她身上强大的主角光环。

当然，“白莲花”不仅出现在电视剧中，也出现在我们的现实生活中。只是，生活的舞台没有缤纷绚烂的镁光灯，没有摄影机精心选择的角度，失去了主角光环的“白莲花”，没有了令人怜惜不已的剧情，她的一举一动都只会遭人诟病。

就拿《红楼梦》来说，如果从职场视角来看，书里面几个机敏人物，不说王熙凤、林黛玉、薛宝钗、史湘云等权贵之人，就是袭人、小红、刘姥姥之辈，即使不自带光环，也能在暗潮汹涌的贾府游刃有余。因为她们深知，身在职场，就不能做“白莲花”。

以小红为例，小红本叫林红玉，是宝玉院子里负责打扫的丫头。由于她的名字中的“玉”字冲撞了宝玉和黛玉，所以改名叫小红。她长得虽有几分姿色，但却不足以令人过目难忘，加上她一直在院子里侍弄花草，所以宝玉一直都没太注意到她。

按照“白莲花”的剧本，小红应该韬光养晦，静等时机，说不定哪天宝玉出门的时候，就看上了自己，从此飞上枝头变凤凰。可现实是，宝玉身边有稳重端庄的袭人，活泼俏丽的晴雯，园子里的姐妹哪一个不是花容月貌？要是默默无闻下去，只怕等自己老了，也吸引不到宝玉的注意力。

于是，小红就要，为自己挣一个好前程——首先，她必须要吸引上司的注意力。其实，凭借她的聪慧和容貌，当个贴身伺候的丫头难度不大，所以她乘袭人等人不在时，跑到宝玉跟前说话。她说话伶俐，又长得秀气，贾宝玉还真记住了她。

可升职加薪这种事也不是见一面就能办妥的，还没等小红展现自己的才华，麝月一行人就回来了，正巧看见她“申请升职”——要是小红升了职，那麝月等人将来自然不好过，于是麝月愤愤不平地把她骂走了。

聪明人到哪里都有展示自己的机会，可巧，贾府总经理王熙凤的秘书平儿让小红去给王熙凤回话，这可是展示自己伶俐的最好机会，小红当然不能放过，于是她把要回的话原原本本说了一遍。王熙凤听后，觉得这丫头长得俊俏、聪明伶俐，就想把她调到自己身边当个助理，就问她：“你愿意在我身边伺候吗？”

一般人会回答“愿意”或者“不愿意”，但是在职场之中，一定要分清自己的地位和才能，贾宝玉和王熙凤哪个都是她得罪不起的，回答哪个都会给自己招来麻烦。不过，王熙凤的职位更高、权力更大，她主动留下小红的话，那么一切都水到渠成。于是，小红回答：“进了公司一切都听领导安排。领导让我去东，我绝不去西。不过，二奶奶（王熙凤）能力强、见识多，要是能跟在二奶奶身边学习，就是我的福气。”毫无疑问，这番话令王熙凤喜上眉梢，跟宝玉要了小红过来，小红也实现了升职加薪的目的。

反观贾府里贾琏的姨奶奶尤二姐，就是典型的“白莲花”属性，她长得漂亮，性格温柔，明明知道王熙凤暗地里叫奴婢作践自己，也不敢为自己出气，只能一味地忍气吞声。我们不妨假设一下——假如尤三姐没有死，那么，“白莲花”尤二姐的结局又会是什么样子？

情景 A：王熙凤得知贾琏在外偷娶尤二姐后，上门来请尤二姐回府。王熙凤笑里藏刀，奉承说：“平时我管家太严，那些下人都怨恨我，处处说的我坏话，说我拈酸吃醋，不让二爷娶二房。其实我一点也不反对，这不特来请姐姐跟我回府——姐姐要是不答应，我就在这给姐姐当丫头，伺候姐姐！”

尤二姐举棋不定，尤三姐讽刺道：“你心肠歹不歹毒，自己心里没点数吗？我姐姐要是进了你们贾府，她还能有活路吗？我姐姐可不敢叫你给她当丫头，二奶奶还是请回吧！”

情景 B：尤二姐和尤三姐进贾府后，丫头善姐克扣尤二姐的用度，又讽刺尤二姐：“何苦进来呢？”尤三姐当即打了善姐，回应道：“我姐姐是主子，你是下人，你凭什么挖苦我姐姐？姐姐是琏二爷的人，你讽刺她，就是讽刺琏二爷，等二爷回来，看不剥了你的皮！”

然而，事实情况是，心地善良的尤二姐屡屡被王熙凤陷害，最终选择吞金自杀了。

可见，失去女主光环的“白莲花”，结局只能是任人欺负罢了。

路遥是我的初中同学，无论是从她说话的语调，还是接人待物的方式，简直就是生活版的“白莲花”小姐，虽然上帝给她安排了女主角的经历，却没有赋予她强大的“主角光环”，于是路遥的职场之路看起来格外坎坷。

北京入冬以后，气温骤降，那句网络流行语“洗澡靠勇气，起床靠毅力”说得一点都没错。路遥说，自己是典型的“晚上睡不着、白天睡不醒”，尤其是在入冬以后，恨不能像松鼠一样，一觉睡到春天去。所以每天闹铃响了三四遍，她才急匆匆地爬下床，慌乱地换好衣服，扎好头发，简单洗漱后，就跑到楼下去等公交车。为了让自己看起来精神一点，她就乘等待公交车的工夫，拿出手机涂了个显气色的口红。

每当她走进办公室，组长总要“夸赞”她几句：“小于，你也像路遥学习学习，每天上班前化个妆，打扮打扮。”小于和路遥是同一期的实习生，虽然三个月后她们俩都会转为正式员工，但路遥总觉得小于和她之间有点火药味。

起初，路遥听到组长夸自己时尚、漂亮很高兴，可组长几乎天天都说她化妆、打扮，这让她心里很烦，尤其是她都已经非常懒了，连涂个口红都要被说精心打扮，这让路遥觉得自己受到了组长的排挤。于是，接下来的几天里，路遥不施脂粉、穿着朴素地上班，发现组长依然能挑剔出她的问题。比如，路遥就是会打扮呀，手指甲做得那么精致；真是小姑娘脾气呀，手机壳都是花花绿绿的；女孩就是爱漂亮，隔三岔五就换一条项链……

路遥越听越心烦，她觉得自己已经足够迎合组长了，可还是被她挑三拣四的。她向我抱怨说：“我现在就像动画片里白雪公主，后妈要害我，可我偏偏又没有小矮人和王子！”

“那你就要比后妈更恶毒呀！”我说。

不知道路遥是不是受了我的启发，上个星期她逛商场的时候，特意买了一套适合中年女人的护肤品。第二天上班，路遥早早起床，穿戴整齐地去上班。到了办公室，就组长一个人。路遥从包里拿出包装好的礼物，笑盈盈地说：“李姐，我听说今天是你生日呀，这是我送你的生日礼物。”

组长满脸疑惑，说今天并不是自己的生日。路遥又说：“啊呀，那天我听谁说今天是你的生日，我还准备了礼物呢！李姐，那不是的话，就当我提前送给你的礼物好啦。”在几次推让以后，组长终于收下了路遥的礼物。接下来的几天，路遥都抢着干活，头一个上班来，别人走了才走。果然，再后来的日子里，组长再也没有针对路遥了。

路遥说，自己根本不知道哪儿得罪了她，也不知道她看自己哪儿不顺眼，可她礼物也收了，自己又没犯什么错，就算她不喜欢自己，也不好意思再随便挑拣她了。

其实，不少人都遇到过和路遥一样的问题。自己的某个习惯或行为让其他人不喜欢、看不惯，从而内心紧张、焦虑、无所适从，尤其是职场新人，恨不能立马改变成对方喜欢的模样，更渴望从天而降一个霸道总裁，分分钟帮你解决尴尬处境。其实，与其自己惶恐不安，期盼幸运之神关顾自己，不如化身“圣斗士”，征服那些不喜欢你的人。

善良、可爱的“白莲花”小姐只适合出现在偶像剧中，而在职场上，你必须佩戴铠甲。

“示弱”的小心机

虚荣是人类的一种心理需求，每个人都存在虚荣心理，只不过它体现在不同的方面。如果你懂一点“腹黑”心理学的话，那么，当别人帮助你完成某件任务时，你也可以腹黑地想：“哦，其实他轻松搞定这件事，也是一种变相的炫耀。”

每个人都存在或多或少的虚荣心，只不过它体现在不同的话题（也可以是朋友圈）之中。有的人生活条件优越，就会忍不住提一提手腕上的表、喝咖啡的星巴克、某品牌的手提包；有的人外在条件特别好，就经常能看到她的美照，听她不厌其烦地复数自己的减肥计划——事实上，她的体重从没超过标准线。

人们之所以会有这样的举动，就是因为心里的虚荣感。

甚至，我们乐于助人、学雷锋做好事的时候，其实也是在变相地满足自己的心理需求。

既然每个人都存在或强或轻的虚荣心理，并且对这一心理还存在一定需求，那么，我们为什么适时地向对方示弱，满足对方的心理需求？

虽然“腹黑”一词充满贬义色彩，但是将“腹黑”心理学运用到恰当的地方，不仅能帮助我们拒绝无效社交，还能令对方感受到自己的价值。

【主动揽下自己的错误】

上个月，娇娇和我抱怨一件事，她说前段时间自己负责的现场宣传，因为一个实习生送错了演讲稿，导致公司出了洋相。虽然这件事和自己关系不大，可老板当时正在气头上，自己又是负责人，当着好多同事的面，把她痛批了一顿，尤其是那句："这么点事都办不成？你还想不想干了，不想干趁早走人！"让娇娇内心里很受伤。

她一脸委屈地说："我该吩咐的吩咐了，该叮嘱的叮嘱了，我也不能像个老妈子一样，一直守在实习生身边呀。结果呢，她们一出了错误，老板就全都怪到我头上，当着那么多人的面给我难堪……哎，明天早上还要开晨会，我老板特爱翻旧账，要是他又在晨会上说这事，我算一点脸面都没有了。"

听她说完，我教给她一个小技巧："这样，明天开会的时候，只要老板的视线停留在你身上，你就先跟他道歉，把错误都揽到自己身上，说是你对实习生管教不严，千万别说'都是实习生的责任'。你这么说，他会觉得你反思了自己的行为，而且也能提醒他这件事到底是谁责任。"

后来娇娇按照我说的，在晨会上把责任都揽到了自己身上，老板果然没有再多说什么，还向她表示了歉意。

通常来说，人们都讨厌那种一出事都推卸责任的人，认为这样的人没有担当、爱找借口，即使他说的是客观事实，但也会给人留下不好的印象。所以，在遇到这种情况时，我们不如大大方方承认自己的问题，并想办法弥补损失，这才是职场的生存之道。

【个性化原欲】

原欲一词出于弗洛伊德“原欲理论”，那么，它到底指的是什么呢？它是人类的一种本能需求，也是人类心理上的一种原始欲望。比如说，当我们感到饥饿时，大脑就会下达“想要吃饭”的指令，而“想要吃饭”就是人类的一种原欲。

人类的原欲有许多种，其中有一种个性化原欲。每个人的个性化原欲都不相同，因此，找到对方的个性化原欲，就如同找到电脑的启动开关。那么，如何才能发现、找到对方的个性原欲呢？毕竟，人类的原欲不会直接写在他的脸上。

想到准确找到对方的个性化原欲，就要耍一点小心机——有意识地向对方示弱。

例如，你想要拉近和同事 B 的关系，这时，你可以适时地求他帮你一点小忙。值得注意的是，你提出的要求一定要是对方乐于帮助的。比方说，同事 B 爱好写书法，这时你可以请求帮你题字或送你一幅他书写的诗文。当然，前提是你要报以欣赏的态度。

当你在社交、职场之中，遭遇到他人的挤对时，首先要保持一颗平常心，避免和对方发生正面的冲突。因为对方会做出挤对你的举动，通常来说，是因为你拥有他没有的优势，可能是学历、身材、美貌、家庭等。想要化解这场无形之战，最好的应战方法不是厮杀，而是有心机的示弱。

向对方示弱并不等于讨好，而是善意地接纳他的挤对行为，虚心地向对方请教他所擅长的领域，让对方从中获得自我肯定，如此，他会因为实现了自我价值，而渐渐削弱对你的嫉妒情绪。“战火的硝烟”顷刻间也能随风而散了。

【自尊心理】

从“腹黑”心理学的角度来说，做好事也是在实现自我肯定。那么，我们在腹黑地想一想，被我们帮助的人，他们会存在什么样的心理感受——欣然接受我们的帮助？对我们心怀感激？还是，内心对我们存在亏欠？

是的，如果你是一个热心的人，非常愿意去帮助别人，并且不图任何的回报，这是非常值得弘扬的精神，但却不是正确的社交打开方式。俗话说：“无事献殷勤，非奸即盗。”如果你的热情，让他人感到“殷勤”之意，只会提高对方的警惕之心。即使对方知道你只是个热心人，心里也会感到无所适从——他为什么总帮助我？我该怎么做来回报他？不，我实在不好意思再接受他的帮助了，不如就此疏远吧。

结果必然如此。

会出现这样的结果，并不是对方心胸狭隘、恶意揣度，而是因为我们没有维护他人的“自尊心理”。予人帮助，我们满足了自我的内心肯定，但是同时也否定了他人的自我价值。这是在变相地告诉对方：“你这方面的能力，不如我！”无疑，这个举动严重伤害了对方的自尊心。那么，我们如何在“做雷锋”的同时，维护对方的“自尊心理”呢？

你需要向对方“示弱”——请求他来帮助自己做点什么。比如说，A很擅长烹饪，你就可以请教她，如何才能做出美味的菜肴。两个人在交往过程中，一味地付出和索取，都无法实现有效的社交，只有适时的“示弱”，维护他人的自尊心，方才是使两个人交往和谐、平衡的法则。

有技巧地拒绝“色魔”上司

在面对办公室性骚扰时，最好的解决办法，不是公布对方不道德的行为，而是有技巧地拒绝对方，并且让自己在职场仍有立足之地。这才是实现双赢的最好方法。

严格来说，这个世界上一共存在两种人，男人和女人。在人类进入石器时代后，由于男人是主要生产力，他们的地位高高在上，几千年来，我们一直延续着那种“男尊女卑”“三从四德”的封建思想。甚至在上两个世纪前，女人都没有反抗、说不的权利，她们的一生都将倚仗一个男人，成为一件没有自主权利的附属品。

但是，随着社会的发展和进步，人类已经摒弃了那种荒谬、封建的思想，女人不再需要倚仗男人，她们可以像男人一样工作，甚至可以做得比男人更加出色。这样的女人是可爱的，同时她的身边也是危险的，因为一个有能力且漂亮的女人，很容易吸引男人的目光，且这些男人的目光背后，还藏匿着其他不可告人的小心思。

相信，不少女职员都遇到过这样的问题，男领导以了解自己、探讨工作等借口邀请自己吃饭或外出，原本认为这只是一次单纯的邀请，可赴约之时，才注意到领导言谈举止间，流露出亲近自己的意思。这让你觉得很不舒服，可自己已经赴约，再扭扭捏捏反而显得自己做作，而回应或默认，都会给对方一些“交往暗示”，甚至让对方误认为成“性暗示”。因此，无论对方以何种理由单独邀约你赴宴、外出、对你照顾，最能避免造成尴尬或暗示的办法就是拒绝他。但拒绝的时候一定要有策略、有技巧，不要当场与上司撕破脸。否则，到头来只会对自己的工作生活造成不良的影响。

米雪的第一份工作只干了32天，离职的时候，她连收拾私人物品的时间都没有，就在老板一句“你被解雇了”之后，当即转身离开了公司。出了楼层大门，米雪才泪如泉涌，她在电话那头对我说：“他们蛇鼠一窝！别说是开除我，就是他们哭天喊地求我留下，我也不会干！”

下午米雪来找我，将公司里那些见不得光的手段说与我听。米雪在一家公关公司上班，入职以后就跟着赵总监学习，她聪明又勤奋，赵总监也常夸她是个可造之才，还说希望自己的女儿长大后也能像她一样能干。

“一开始我听到这些话特窝心，我一个刚进职场、什么都不会的小姑娘，有人愿意教我、帮助我，我特别感激，可我是真没想到，他就是个衣冠禽兽。”米雪眼眶红了一圈，她曾一度将赵总监视为自己的偶像，可后来发生的事情却让她对赵总监感到厌恶至极。

那天北京下起暴雨，赵总监见天气恶劣，就提议下班后让米雪等一等他，他开车送她回家。到了小区附近，赵总监把车停靠到一旁，米雪正准备下车时，他却突然按了车门锁。不等米雪反应过来，赵总监一下捉住她的手，满眼情欲地说：“米雪，从见到你第一眼我就喜欢上了你，你上进、勤奋，我喜欢看你认真工作的样子……”

尽管这些都是恭维之词，可却让她犹如吞了一只苍蝇般恶心。米雪提醒他是有老婆、有孩子的人，可赵总监却毫不在意，还说自己和老婆早已经没了感情，他想要和米雪过一种新的生活。

米雪越听越烦，反问他到底是什么意思，是要为了自己和老婆离婚，还是让她做他见不得光的情妇。赵总监听了有些尴尬，但随即解释，自己对妻子还有责任，他不能够离婚，可像情妇这样污浊的词，又玷污了自己对她的感情。

“我真没见过像他那么恶心的人，还玷污了他对我的感情，能把玩女人说得这么清新脱俗也是少见！”讲到这儿的时候，米雪愤愤骂道。我问她：“那你怎么跟他说的？”

米雪皱着眉头说：“我直接说，他年龄都快赶上我爸了，还把坏心思用在我们这些小姑娘身上，也不嫌害臊，然后我就下车了。他冲我喊了句，别敬酒不吃吃罚酒，后来还说了什么我也没听清。”

米雪原本认为，是赵总监对自己进行性骚扰，她既占理，又是受害人，如果赵总监以后再有越举的行为，她就把他的行为公布于众，想着赵总监怎么也不敢再骚扰她，米雪才挺直了腰板，将自己的心里话一股脑都说了出来。可没想到，第二天上班的时候，她就遭到了赵总监的暗算。赵总监当着老板的面夸她、提拔她，说她能力强，要带她去谈客户。老板深信赵总监，当即答应了他的提议。可米雪从来没直接和客户谈判过，她一问赵总监，他就说，谈判很简单随机应变就可以了。

那次的谈判结果显而易见，米雪吃了暗亏，自己始终被客户牵着鼻子走，非但没如预期拿下合作，还被客户提高5个点的利益。

米雪在老板心中的形象一落千丈，还被痛批不向赵总监用心学习。下午她去茶水间倒水时，听见部门的同事小声议论，说自己勾引赵总监才得到了这次谈判机会，要怪只怪她自己不争气，连爬上位的本事都没有。

这些流言蜚语让米雪越发生气，她怎么也想不到，自己曾经崇拜的前辈是这种耍手段的人。而内心的委屈、愤怒和耻辱感，让她理智崩溃，她当即跑到办公室当着大家的面揭发了赵总监对自己的骚扰，现场顿时一片哗然。外面的骚动惊动了老板，见办公室吵吵闹闹的，他只好问清楚缘由，可米雪和赵总监各执一词，这样的办公室绯闻一点营养都没有。老板当即火冒三丈，骂米雪知不知道自己来公司是干吗的，整天在这扇阴风点鬼火，说他的公司里容不下搬弄是非的人，当即解雇了米雪。

直到被解雇以后，米雪才恢复了理智，她苦笑着对我说："我真是太蠢了，我当时干吗要和他们撕破脸呢？一个刚入职、没客户、没资源的小职员，一个资历深厚、人际关系广、客户多的客户总监，就算是傻子也知道应该开除那个小职员啊……"

办公室性骚扰事件并不在少数，尤其是作为新入职女职员或刚刚进入社会的年轻人，都可能会有这样的遭遇。有的人脾气就和米雪一样，受不了那些闲言碎语和污蔑，更受不了上司对自己进行骚扰，于是她们的结果大多就是得罪同事、得罪上司，甚至为此丢了工作。可能会有人说，在这种环境下工作，反而是自己的侮辱和折磨，还不如将那个对自己性骚扰的人痛骂一顿，然后有尊严地离开公司。

这的确是一种解决方法，但它却不是最好的解决方法。就像米雪在公司大闹一场后，其余的同事只有一部分人认为她说的话是真相，而且这种认为只会放在心里，当大家把这件事情当作谈资来说时，她们更多人说的是："还记得之前的那个米雪吗？""记得，记得。就是勾引赵总监不成，反过来说赵总监性骚扰，最后被老板开除的那个！"米雪只维护了自己心中的尊严，但在他人眼中，她是否还有尊严已经不是她能控制的了。而且在辞职以后，你会需要花一段时间去找新的工作，你损失的不仅是金钱，还有你的时间和精力。

在面对办公室性骚扰时，最好的解决办法，不是公布对方不道德的行为，而是有技巧地拒绝对方，并且让自己在职场仍有立足之地。这才是最好的方法。

那么，应该怎么拒绝对方的邀约呢?

首先要表达自己对领导的感谢，当然这也是在为接下来的拒绝做铺垫。如果直接拒绝对方的邀请，这会让对方下不来台，况且，或许对方并没有坏心思，而你的过激反应反而会激起他的好奇心。其次，巧妙地编造谎言。比如说，甲邀请我明天中午吃饭，我不必立即拒绝他，不妨先应承下来。等到几个小时后，再借口对他说：“实在太不凑巧了，明天有点急事要处理，明天的约会我没有办法去了。”

如果对方在当天邀约你，也可暂时应承下来，然后找机会给家人或朋友发一条短信，告诉他们在什么时间给你打电话。打电话的时间最好定为对方也在场的时候，当你接起几秒后，不要编织多么复杂的谎言，只需要说一句，“好，那我马上过去！”接下来的拒绝自然水到渠成。

人类是很敏感的，尤其是在自己对他人有所图谋时，即使再神经大条的人，也会变得敏感起来。所以，当你几次三番拒绝对方的邀请时，相信心里也已经察觉，既然襄王有意，神女无梦，想来对方也不会再继续纠缠。

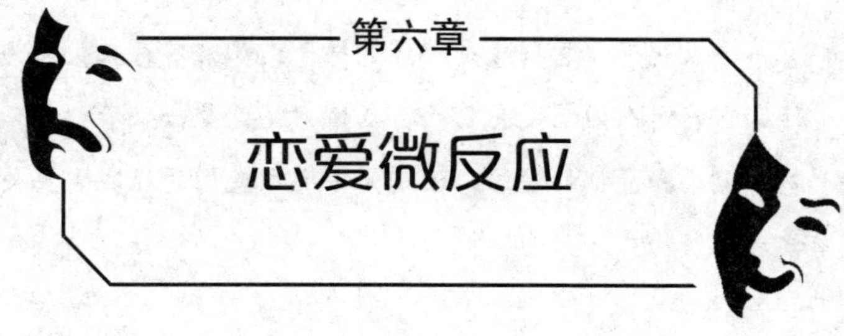

第六章 恋爱微反应

如何识别你的另一半？

爱情，究竟存在不存在？如果存在，为什么世界上没有一个人能说出它到底是个什么样子？如果不存在，又为什么它能叫人为它哭为它死？爱情，究竟是一个梦幻到分不清现实和虚拟的泡沫，还是为了满足我们的现实需要美化后的产物？

相信，大多数人，尤其是女人，都渴求能够找到“最匹配的恋人”，找到“最投契的爱侣”。于是，在所谓的缘分背后，我们拼了命地去寻找、去追求那个从外表到内在，对于当时的我们而言，最适合自己的人。

然而，不久以后，我们发现，或许他（她）并不是自己终其一生想要得到的人。于是，我们再次投入如蜂拥般的人潮里，在一次次地寻觅中，我们遇到了形形色色的人。有的人，被我称为“爱人”，神圣而不可亵渎；有的人，被我称为“伴侣”，陪伴却未曾长久。

在两性关系中，我们经常听到女人义愤填膺、愤愤不平地怒骂道:“男人没一个好东西！”如果我们将这句话改成一个否定命题——为什么没有一个男人是好东西？

这个问题恐怕足以让绝大多数女人抓狂了，即使她貌若范冰冰，智商 250，恐怕也只能歇斯底里地喊道：“为什么？为什么我遇到的都是些渣男？难道天底下的好男人都死绝了，还是我命途多舛，上苍非要我去渡劫？”

不，你之所以总是遇到“渣男”，并不是上天要“苦你心智”“劳你筋骨”，而是因为女人没有彻底地了解男人这一种生物，以至于让自己陷入了被动位置，只有男人琢磨你的下一个举动的份儿，却没有你绝地反击的份儿。

那么，如何才能令女人认清“男人的感情逻辑”，继而明白——哦，原来男人是这么想的！从而做到“当断则断”。你，需要走一条捷径。

从最原始的角度来看，抛开情感因素不谈，于男人而言女人等同于“高级猎物”，因为她们具有超过一般猎物的属性——她体贴、温柔，能够持家、劳动，于是，你作为猎物想要逃，但他却偏偏要把你抓到。

那么，当结合情感等复杂因素时，女人和男人处于一条平等线——你们是双方的猎物，但女人却相对处于弱势的一方。那么，这时女人又该如何识别你的另一半，他是将你视为一辈子的爱人，还是短期时间的伴侣呢？

【你相信一见钟情吗】

许多人都梦幻有一场一见钟情的爱情，它之所以可贵，就是因为难得。从心理学的角度来看，“一见钟情”的人相对性格较为冲动，容易出现三分钟热乎劲的现象。所以，当你遇到一见钟情的爱人时，不可立即陷入他的甜言蜜语之中，要理性地观察对方的行为习惯、处事方法，以及对待你们情感的态度。

【你会为我减肥吗】

张琬从小就一副胖妞模样，最胖的时候体重足足有154斤，穿加大码的运动服，一年到头我都没见她穿过露腿的裙子。她说她要遮丑。事实上，张琬的五官还算得上清秀，虽然容貌不出彩，狭长的丹凤眼、高挑的鼻梁、薄薄的嘴唇，倒也别有一番韵味。大一入学那年，她喜欢上一位神似宋仲基的学长，此后的每天中午她都扭着圆滚滚的身子出现在男生宿舍前，希望能引起他的注意。

事实上，以她的“吨位”来看，即使不每天按时出现，她也足够吸引众人的目光了。很快，几乎所有人都知道张琬在追求一个“宋仲基”一般的人物。这件事令校园“宋仲基”很受打击——楼下的胖妞定时出现，同学的调侃让他觉得非常刺耳。于是，在一个晴朗的午后，学长约张琬在操场见面，他说，如果你能瘦到90斤，我会追你的。

从那以后，张琬就开始了疯狂减肥，她吃减肥药、喝碧生源，节食、跑步等招数都用尽了。最后因为节食过度，贫血晕倒住进了医院，这一住院倒真让她瘦了七八斤。大三下半年的时候，张琬瘦到86斤，一米六几的个头，瘦得就像纸糊的灯笼，好像风一吹就破了。然而，学长却跟一个有些微胖，但模样俊俏的女孩在一起了。那天，张琬哭着说：“真正爱你的人是不会嫌你胖的，他只会嫌你丑！”

事实上，真正爱你的人不会嫌你胖的，他也不会嫌你丑。或许你不是最完美的，甚至还存在许多缺点，但如果他将你视为“一辈子的伴侣”，那么这些缺点也将会变成优点。

【处女情结——离这样的男人远一点】

自太阳日出的那一刻起，便开始不断地朝着西方靠近，它给予了世界时间；人类自出生的那一刻起，人们在成长的过程中，也是在慢慢靠近死亡，它给予了人类经历，于是我们拥有一个这样的词：历史。我们除了生活经历以外，还拥有情感经历，自情窦初开的那一天起，我们因心境的不同喜欢上不同的人，于是，上帝赋予了我们另一个词：情史。

我们在这样的历史中欢笑、哭泣、成长，它给予你缅怀过往的喜悦，给予你怎么也忘不掉的痛苦。于是，有人说："当你越想忘记一些事情，往往会记得更加深刻，就像你在失眠的时候，辗转反侧也难以入睡。"

前段时间，热播电视剧《欢乐颂》中，出现了一段令人咂舌的情节：当应勤得知女朋友曾经和其他男人交往过后，态度发生了180度的转变，他认为面前的这个女孩，已经清纯不再，甚至开始和其他女孩相亲。

这个情节让我想起了杨先生，白雪曾谈婚论嫁的前男友。

杨先生和白雪在一起三年，他离过婚，孩子的抚养权给了前妻，身边环绕着莺莺燕燕过了几年，然后遇到了白雪。他给白雪好的物质生活，给她自己能给的一切，他爱她，并从内心深处明白，自己想要和这个女人走完剩余的全部生命。但是，在一次活动中，他认识了另一个女孩，他坦然自己犯了一个男人都会犯的错误，但主动提出分手的人却不是白雪，是他，杨先生。

他对白雪说，他是爱她的，一直都是，可他必须要和她提出分手，因为他要去为另一个女孩负责——那是她的初夜，这对一个女孩来讲，无比珍贵。

于是，白雪就在自嘲中离开了，她想过杨先生和自己分手的无数种可能，还为此做出了对应方法，但只有这一种，她始料未及，输得不心甘，却又无可奈何。她对杨先生说的最后一句话是："我不知道是该高兴还是该难过，我爱的人，有担当，敢负责，可他负责的人却不是我。"

其实，在现实生活中，确实存在像杨先生一样的男人，他们介怀另一半的经历，介怀另一半的情史，想要寻找一个既符合自己爱情标准又白璧无瑕的女人。但是，请不要忘记，任何一个人在成长的过程中，都会经历那些好的、不好的事情，在历史的雕琢下，才成就了现在的你和现在的我。你可以选择遗忘自己的经历，可以选择铭记那段美好或痛苦的回忆，然后以一个全新的自己，站在另一半的身边。

“已婚”或“未婚”不写在身份证上

其实，隐婚这件事并不只出现在电视剧中，现实生活中的许多人都有过类似的经历，并从中吃到了不少苦头。

不久前，一档名叫《北上广不相信眼泪》职场剧刷屏朋友圈，大家除了大赞马伊琍、朱亚文演技爆表外，对职场中的一些规则和手段也感同身受。比如说，同一家企业的员工不能谈恋爱，辞退怀孕的女员工，让大龄单身女性签订几年内不生孩子的协议，等等。从这部电视剧的桥段中，观众们还衍生出了现实中的问题：“赵小亮和潘云在公司隐婚，我身边的朋友或恋人是否也存在这种情况呢？”

其实，隐婚这件事并不只出现在电视剧中，现实生活中的许多人都有过类似的经历，并从中吃到了不少苦头。

阿薇有过一段非常失败的恋情，曾一度让她陷入悲痛而无法自拔。大学毕业后，阿薇受到深圳一家知名企业的邀请，于是便去了深圳发展。她是山东人，在深圳没有亲人，也没朋友，所以刚到深圳时的那一两年，是她过得最苦的时候——

她要学习广东话，要负担房租、水电费，要一个人在陌生的城市生活，这对一个刚刚进入社会，还未站住脚的女孩来说，充满了对未知的不安全感。而认识左晖那天，碰巧是阿薇最狼狈的一天，所以，当那个如同 Superhero 一样的男人出现阿薇的生活里时，她像一个溺水的人死死抓住这根救命稻草，认为他就是上帝派遣来拯救她的英雄。

为了前段时间的一个案子，阿薇连续加了七天班，在反复确认所有资料无误时，才将邮件发送给信息组的组长。等她和同事准备下班时，才发现已经晚上九点多了。为了节省房租，阿薇租房的地方不在市区中心，只好打车回了家。可倒霉的是，回家后阿薇才发现自己的钱包不见了，她翻遍了背包也没找到，虽然钱包里没有几百块钱，可身份证、银行卡都在钱包里，补办也是件麻烦事。她想着极大可能是把钱包落在出租车上了，可偏偏又没记住出租车的车牌号，看来想要找到钱包已经不可能了，阿薇便想乘明天午饭的时候去银行挂失银行卡。

第二天上班的时候，阿薇一直在想，银行卡挂失也是需要身份证的，可公司这么忙，她哪有时间回老家补办身份证啊。她越想越焦虑，越焦虑越无法集中精力，结果导致核对数据时出了纰漏。下班时，组长气冲冲地把阿薇叫出来，数落她做事不用心，要不是她最后又看了一遍，之前整个组的所有努力都要付诸东流。组长说，以前觉得她细心、勤奋，能当大任，对她很放心，现在她却辜负了自己的期望。其实组长还是器重阿薇的，只是她正在气头上，话说得重了，阿薇又自责又委屈，眼泪吧嗒吧嗒地掉。组长看她这副模样，也不好再说她什么，便不再追究了。

等阿薇回到座位上，发现手机上有陌生的来电显示和一条短信息：你好，我在你公司楼下的咖啡厅等你——拾到钱包的人。这个人就是左晖。他发现钱包里一张公司名片，恰巧阿薇所在的公司和他的公司在同一个街区。

就像老套的电影情节，初出茅庐的小姑娘总会爱上成熟稳重的优质男人，她欣赏他的沉稳，欣赏他的周到，欣赏他的才气，更欣赏他的人品。一个多月后，阿薇就和左晖到了如胶似漆的地步，那段时间，她就像一个初次恋爱的小女孩，满心记挂的都是那个男人。

直到元旦那天，阿薇接到一个陌生女人的电话，听筒那端传来冷漠鄙夷的声音，她狠狠地骂道："你还要不要脸了？仗着年轻勾引别人的老公？"

"你打错了吧，瞎说什么呢！"阿薇被她说得莫名其妙，可女人的下一句话却让你她如同五雷轰顶。"左晖什么都告诉我了，你以后别再纠缠他，否则我到你们公司闹一闹，大家撕破脸，谁也别想过消停日子。"

挂断电话的那一刻，阿薇才知道自己钟情的男人，原来是其他女人的丈夫，而更让她意想不到的是，在她回公司上班的第一天，左晖的老婆就跑了公司，见到她不由分说撕扯她的头发和衣裳，嘴里那些难堪的字眼让阿薇颜面扫地。在那个女人野蛮的行为下，公司上下都知道，她，阿薇做了别人的情妇，还被原配抓包。

经理让失魂落魄的阿薇回家休息一段时间，半个月后，她就收到了公司的辞退信，理由是恶性事件影响了公司的形象。那几天阿薇大病一场，躺在病床上时，她忽然意识到，其实左晖有很多细节都暴露了他已婚的事实，只是她被爱情蒙蔽了双眼，什么都没有看到。

职场中的男人女人，情感关系是很微妙的，隐婚、出轨等情况也并不罕见，更有甚者明明单身，却编造一个已婚的幌子，从而以找情人的目的和女人交往，他一边自我标榜顾念家庭、发妻的好男人，另一边又理直气壮地对伴侣说："我结婚了，我很爱我的家庭，我不能为你离婚、娶你，这些你从一开始就是知道的。" 事实上，所有的一切不过是他自编自导一出好戏，不想为自己的行为负责任罢了。

我们在选择伴侣或被人追求时，谁也不会先问上一句："把你户口本拿出来看看，我看看你到底是不是单身……" 这实在太荒唐了。但是，如果对方是个人渣，在有家有室的情况，说谎追求未婚的女人时，你又该如何识别他的谎言呢？

有人说，观察一个人是否佩戴婚戒，或者无名指上是否留有戴婚戒的痕迹，可以看出对方是否已婚。其实，这个办法并不十分严密。现在很多人都没有佩戴婚戒的习惯，而大多是年轻人，对于戒指佩戴在哪个手指更不在意，有的人会七八个手指上都带有戒指，可能是中指，也可能是无名指，所以这个办法也无法准确地判断对方是否已婚。

了解一个另一半是否隐婚，最有效的办法是，看对方愿不愿意带你去他的家里或宿舍（这里指的并不是同居），一个男人的住处最能体现他的性格以及婚姻状况。如果他对此推三阻四，那么其中一定存在一些原因，虽然不见得百分之一百是因为对方隐婚，但可以肯定的是，他对你们的感情还有所保留。

其次，看这个男人是否愿意把你带入他的生活中。每个人都有自己的生活范围，想要了解他真实的一面，除了从细枝末节中观察外，还可以通过他的交往对象。比如说，甲的朋友张口闭口脏话连篇，那么，甲也是一样的人；丙的朋友都是烟鬼、酒鬼，那么，丙也爱好抽烟喝酒。所谓物以类聚，人以群分，说的就是这个道理。

做一个会“钓鱼”的女人

在爱情面前，人都是平等的，女人一定要学会大声说出自己的想法。属于自己的终将会被你得到，而不属于你的也无须过多地去纠结。

在社会交往当中，人们总会因为对异性的好奇、对爱的憧憬以及激素的作祟，想要展开一段轰轰烈烈的爱情，如何找到与自己目标相符的对象并非易事，而找到了目标，如何攻略，又是另一件难事。

俗话说，男追女隔座山，女追男隔层纱。恋爱中的人们，都渴望得到一段甜蜜的感情，不管以前你是想矜持地等待着爱情的来临，还是想要主动出击捕获自己想要的爱情，如果你想要得到自己理想中的爱情，那么，不要犹豫，如果不主动些，也许下一秒就会错失先机。而且主动一些没什么不好，这样在以后的恋爱过程中，也可以取得一些主动权，不会出现在恋爱初期，没有什么选择权，并且什么都是对方做决定的结果，比如今天去哪儿吃、到哪儿做什么、到电影院看什么电影等。

本节将教你如何做一个会“钓鱼”的女人，如何在不失矜持的同时，主动出击，得到你想要的另一半，得到自己想要的一段恋情。即使是作为一名女生，如果处理得当，在爱情面前也是可以变成主导地位的那一位。

小敏在年初的时候，通过朋友的介绍，认识了一个男生。开始的时候，小敏对这个男生并没有太大的感觉，也没有什么太多的想法。而男生却是很喜欢小敏，会对小敏展现出更多的照顾，吃饭时为对方递纸巾，小敏杯子空了主动为对方倒饮料，等等。在之后的日子里，虽然男生经常主动邀请小敏一起外出游玩，可是都被小敏以各种理由推辞掉了，以至于后面也不了了之了。

可是最近这个男生又和小敏在微信上聊得火热，并且更加主动地邀请小敏一起吃饭。慢慢地交流多了之后，小敏觉得这个男生人还不错，可以再继续相处看看。可是小敏为人比较高冷，加上又是一个慢热的人，一直都是男生找小敏聊天，小敏却没怎么主动找男生聊天，就这样一直维持到一次男生要到小敏住处看她，小敏拒绝了对方。导致这个男生从这之后再也没主动联系小敏。可是小敏却觉得很后悔，想要和男生相处成为男女朋友，可是即使找了几次借口联系男生，男生也不会像以前一样，再主动联系小敏。

小敏想要和对方继续发展下去，而对方却不再有耐心主动献出殷勤。顿然醒悟的小敏，知道这段感情已经与她无缘了。

故事中的小敏，因为慢热，迟迟不能让对方明白自己的心意，即使对方对自己嘘寒问暖、无微不至。因为高冷，使得对方开始一点点地撤离自己，即使找到的这个目标对自己曾经满怀热情，最终因为自己的不主动，使得自己与之失之交臂，很难再挽回这段感情。

用一个现实中的场景来代替小敏的经历，顾客在商场相中了一件很满意的物品，于是顾客便向卖家问这问那，卖家不但不积极地回应顾客，反而是一副爱答不理的态度，更不会为顾客挑选其他的样式、款式、大小码等。结果就会造成顾客的反感心理，哪怕东西再好，卖家的服务态度不端正，也不会想买了。而当顾客转身离开时候，卖家再想将这件物品卖给对方，除非大降价或者提出更大吸引力的时候，才可能使顾客回心转意。感情亦是如此，如果一再地冷落，自然会将对方推向远方。而挽回的代价，不管是做出很大让步还是表现出更多的吸引力，都会使得自己变得非常被动。所以说，主动出击，或者不那么犹豫，才是追逐爱情的上上策。

男生暧昧多久才会表白?

他总是对你很好，每天都会无微不至地关心你，对你嘘寒问暖，对你说着情话，可是你们的交流总是不能更进一步，对于他的迟迟不肯向你表白，你不知道自己在对方心里到底占据什么样的地位，不知道对方到底是真的喜欢自己，还是仅仅想和自己暧昧。到底男生暧昧多久才会表白，又如何让男生对你主动表白?

根据相关的调查，此类情况，很大一部分原因是因为男生对于女生的喜欢太过，从而变得畏首畏尾，一直都是只敢暧昧，而不敢更进一步地说出心声。可能是他觉得自己外貌配长相配不上你，也可能是他觉得无法给你想要的未来。还有的是因为男生害羞，不敢主动表白。对于遇到这些情况的姑娘，该如何让他更进一步呢?

首先，我们可以侧面地刺激他。人们都说吃醋能够催化爱情，还记得年少时候的我们，因为自己喜欢的他（她）和其他异性表现亲近而心生的醋意，又多么想表达自己的心意。所以现在我们同样可以运用这样的心里，使得对方“露出马脚”。比方说，你可以告诉他你很期待某某聚会的互动环节，或者闺蜜的联谊活动，如果他表现出不开心的样子，那么你在他的心里肯定有一定的地位。而如果对方不但没有任何情绪变化，还祝你玩得开心，那么，你可能只是在他的生活里，一个被定义为普通朋友的人。

如果你已经发现了对方心里有你，那么你就可以主动挑明心意、确立关系。暧昧不是拖得越久越好，太久了反而会无法步入正轨，你可以直接问对方“你喜欢我吗？”“你怎么对我这么好？”“你喜欢我哪一点？”如果对方真的喜欢你，那么除非他是榆木脑袋，不然，一定会抓住机会，向你表白的。

如果你们已经暧昧到了一定程度，对方还迟迟没有任何表示，那不妨试一试“后撤法”。

第一，对于他的来电不要立刻接通，太快会让对方觉得你很在意他，太慢又会让对方失去耐心，合理的“吊胃口”才会让对方更加迫切地希望你尽快接起电话。

第二，不要总是煲电话粥，有时长，有时短，有时电话，有时短信，有时语音，有时视频，会让对方有不一样的感受。

第三，约会偶尔迟到，如果总是按时到达，他只会觉得你更加在意这场约会。

第四，适度地伤对方的心，并且不再经常把喜欢他挂在嘴边，太容易说出口的爱，换来的只会是不懂得的珍惜。一系列的欲擒故纵，如果对方真的喜欢你，他便会非常迫切地想究其原因。这时告诉对方你的内心想法，他如果有心，便会主动和你确立关系。

当然了，有的时候也不排除对方这样对你纯粹只是玩玩，并没有真的想和你发生什么，如此看来，主动表明心意也是有好处的，尽早和没可能的人说再见，省得浪费感情。

想要在爱情的路上一帆风顺，女人要学会取得主动权。不要担心在表白后被拒绝，大胆追求爱才是令人欣赏的做法。在爱情面前，人都是平等的，女人一定要学会大声说出自己的想法。属于自己的终将会被你得到，而不属于你的也无须过多地去纠结。

肉体的另一半好找，而精神上的另一半却是太难找了。人生在世，难免孤独，找一个和你一起生活，三观接近，人生阶段匹配，一起面对困难，和你同甘共苦，从始至终都能给你最深切的鼓励的另一半是很重要的。所以只要遇到了，一定要勇于尝试，大声说出爱。如果相伴，更要珍惜。

相亲时读懂这些表情

所谓“相由心生”，一个人内心的想法会通过微表情反映到脸上，即使是如孙红雷、黄渤等人一般影帝人物，也无法控制住自己的微表情。

在前面的章节里，我们分析了微表情对人际交往、职场工作中的作用。其实，微表情、微反应的作用体现在生活中的方方面面，除与朋友、同事的交往外，对判断异性之间的交往、互动也有益处。比如说，前段时间，有网友分享了自己的相亲经历。原本网友只是在微博上陈述自己的故事，没想到故事背后的问题引起了一阵轩然大波。

这位网友说，自己在和女孩相亲时，因为自己提议AA制，导致女孩认为自己小气，故而相亲失败。这位网友的遭遇令众多网友产生了心理共鸣，不少男网友留言说：“男生不付账就是小气吗？如果我们每一次都主动埋单，这一年到头不知道要花出多少钱！”也有女网友则争论说：“如果对方不符合我们的要求，即使他想请我吃东西，我都不会答应的。但是，如果我感兴趣的对象要跟我AA制，这样的男人我也坚决不会要的——呵呵，现在吃个饭都要AA制，谈恋爱还得了？”

关于“相亲时，结账是否要进行AA制”的问题，我们暂且不进行讨论和评判。如果上文中的网友懂得一点微表情心理学，那么，他就能读懂相亲对象的心思——“这个男生还不错，跟我也很谈得来，一会儿看看他会不会替我埋单，如果埋单，说明他是一个不斤斤计较的人，我也会和他进一步交往。”想来，他如果读懂了女孩的内心台词，就不会导致相亲失败了。

在相亲、约会等场合，我们就可以通过一个人的表情、动作，判断出对方能和自己谈多久，是否对自己有好感，这顿饭什么时候埋单，对方打算请客还是AA付款，等等。当你掌握了这些情报时，就能在第一时间分析出，对方对你是否存在好感，两个人有没有进一步交往的可能。如果没有，那你大可“小气”一下，AA付款绝对不是一件坏事；如果有，你就需要展示一下自己的人格魅力，抓住爱情的尾巴。

【你要像医生一样诊断对方的表情】

所谓“相由心生”，一个人内心的想法会通过微表情反映到脸上，即使是如孙红雷、黄渤等人一般影帝人物，也法控制住自己的微表情。既然微表情是难以被控制的，那么，我们就要提高自己的“诊断”能力，下面我们来分析表情的隐秘。

一、头部

1. 点头

一般情况下，点头表示赞同、应允、赞许、同意的意思。但是，如果对方频繁地点头，则是一种敷衍的表现，说明对方对你并不感兴趣。

2. 抬头

当你和某个人在对话过程中，谈论到某一个话题时，对方做出抬头的动作，说明他准确投入到这一话题之中。

3. 摇头

通常情况下，摇头表示否定、拒绝的意思。但是也有例外，如果把头倾斜，并半转向一侧，则是表示友好的意思；大幅度动作地摇晃头部，则表示惊奇、震惊的意思。

4. 头向前伸

把头部伸向前方时，通常是因为遇到了自己感兴趣的人、事、物。如果一个女孩伸着脖子，并温柔地注视着你的眼睛，则说明她对你很感兴趣，或者说对你很有好感。但是，还有一种情况，如果对方伸长脖子望着你，眼神里充满鄙夷、藐视，则说明对方正在等待看你的笑话，他本人也对你充满了敌意。

5. 头部后仰

头部向后仰是一个双重含义的动作，通常在人们感到骄傲、自信时出现，有点像小人得志的姿态。在和女孩相亲或约会时，我们往往会找一些话题，来了解彼此的性格，比如“你念的哪所大学？”“在做什么工作？”“是城市户口还是农村户口？”

尽管这些问题本身无可厚非，但是，如果你念的名牌大学，而对方读的只是普通大学，此刻就注意，切不可做出这个动作。以免对方心思细腻，在察觉到你因学历高她一等时沾沾自喜，甚至误认为你存在自负心理。

6. 突然低下头

突然隐藏脸部是一种表示害羞的动作。比如，当你赞美对方时，她就会因为不好意思、害羞而低下头。不过，通常这时对方的内心都是很受用的，你可“乘胜追击”，表达自己对她的欣赏之意。

二、眉毛

我曾学过一段时间的素描，在学习如何画人类的眉形时，观察发现人类的每一根眉毛的走向，都是向上或呈水平方向向两侧生长。之所以会形成这样的走向，是为了使汗液、雨水等刺激源在重力的作用下从两侧流下来，避免直接侵害到眼睛。其实，眉毛除了这一作用以外，它还具有一个被动技能——反映人类内心的心理动向。

由于眉毛主要靠额肌收缩、皱眉肌收缩、眼轮匝肌收缩、降眉间肌收缩改变运动，从而形成下面 5 种重要的形态变化，每一种形态都代表不同的心理反应。

1. 正常形态

在人们情绪稳定，没有收到外界任何刺激，眼睑正常睁开的情况下，眉毛呈正常形态，即两道眉毛呈倒弧形向下弯。

2. 扬起眉毛

通常来说，当人类受到惊吓时，眉毛会和上眼睑同时上提，眉毛呈现一种飞扬的状态，一个人越吃惊，眉毛扬起的程度也越大。当然，这个动作不仅表示这一层意思，当人们对自己的所说、所做充满自信时，也会扬起眉毛。例如，我们经常会看到这样的情景，老板夸奖一份策划方案做得棒，B 小声地问 A：“这份策划是谁做的？”A 快速地挑起双眉，B 顿时恍然大悟，因为这个动作仿佛在说，“嘿，哥们儿，我这点子绝了吧！”

不过，在做这一表情时，我们要注意区分场合和对象。比方说，男生在和女生搭讪、约会时，就要尽量避免做出挑眉、扬眉的动作。虽然扬眉会给人一种自信满满的感觉，但如果是和陌生或不熟悉的异性交往，则会给对方一种轻佻、不稳重的感觉。

3. 下压眉毛

当人类感到失望、忧虑时，就会不自觉地下压眉头，眉体和眉梢也会整体向下移动，从而缩短眉毛与上眼睑之间距离。例如，当相亲对象问起，“未来3年内，你是否有买房子的打算”时，你回答，“没有。”如果对方出现下压眉毛的表情，说明你的回答与她的预期结果不相符，此时她内心的潜台词是“哎，怎么会这样”。

4. 皱眉

大部分人都会忽略自己的愤怒情绪，所以当他人不满地提出“你发那么大脾气干吗”的时候，人们往往会申辩说自己根本没有发火。如果此时人们能照一照镜子，就会发现镜子中的自己，眼睛瞪得滚圆，眉头皱起、下压，眉梢向上挑。当对方露出这个表情时，说明他对某个话题或某件事已经十分不满了。

5. 八字眉

“八字眉”是一种很形象的状态——眉头抬高、眉梢降低，看起来就像平展开的汉字“八”一样。当人们感到悲伤、难过时，就会做出这个表情。

无论是相亲也好，约会也罢，在这场硝烟弥尔“两性战争”之中，男人和女人都具有双向选择权——我可以选择接受你，同时也有权利拒绝你。如果你不想成为被动的那一方，就需要掌握一些微表情语言，透过对方的表情读懂他（她）的内心想法，从而判断对方对你的好感度。

读懂女人邀约你的小暗号

学会观察别人的动作和表情，是你脱单的第一步，女人喜欢你并不一定直接就会对你展开猛烈的追求，因为女人更加腼腆，她们一般不会直接表达自己的想法，所以当你读懂了女人对你的喜欢之后，接下来，男人的主动是必不可少的。

都说喜欢一个人是掩饰不住的，你的心里能够藏住所有的东西，能够为你所有的行为而做出解释，但是唯独遮盖不了的，是当你遇见你喜欢的人你的脸上所呈现的表情，它会出卖心里所有的想法，所以，作为一个男生，想找到女朋友的话，先读懂她对你的暗示吧。

当一个女生对一个男生有好感的时候，自然而然的，就会羞涩，当然，首先肯定是因为不好意思或者尴尬才会羞涩，人之所以会产生那样的一种情绪，也是因为彼此不熟悉不了解，对彼此的认知并不强烈，感情只靠一个人的付出永远不会有结果，它也不是单方面的，所以，当一个女生见到你产生了很羞涩的情绪的时候，而如果你也想和对方进一步了解，主动出击吧，可能会有意想不到的结果呢。

一个女人对一个男生产生好感时的表现其实很明显，因为在这个时候，女人会不自觉地出现许多细小细微的动作来表达她对你的好感，这个时候我们一定要去读懂她的表情和她的肢体动作。首先来解读当女生对你产生好感的时候，她们会下意识地做出什么动作。

【识别女人的微动作】

一、整理头发拨到耳后

通常一个女生碰到颜值高、身材好总之就是很满意的男生的时候，会下意识地做出这个动作，总之她会希望把自己最美的那一面让你看到，用这个动作来掩饰自己的紧张，表达自己的自信。

二、刻意变化走路方式

当一个女生走在自己喜欢的男生面前时，有时候会发现自己甚至连路都不知道怎么走，本来想好好走却变得越发的不自然。

三、 遮住嘴巴和鼻子

这个动作就更明显了，典型的羞涩不好意思，看见喜欢的人了虽然很开心。但是由于自己紧张羞涩也会不自然地捂住口鼻，掩饰自己的害羞。

四、 摆弄自己的衣角

有一种感觉是，当你站在你喜欢的人面前时，你会不知道该做什么动作，感觉自己完全暴露在外面，所以手会不自觉地下拉自己衣服的衣角来掩饰自己的慌张和那种小女生的羞涩。

五、主动跟你说话

一个女生如果真的对你有感觉的话，她一定会想方设法地接近你，无论她主动跟你说的第一句话有多么不接主题，但是你要知道，那是她想跟你的开始，想由这一句话跟你找到话题从而开始对话。

六、 有礼貌的微笑

其实微笑在这里并不能果断地把它当成女生对你的小暗号，因为微笑更是一种礼貌，对所有人都会有。但是如果她对你的微笑里藏了一种羞涩，我相信你一定能读懂她对你的感觉，你再回她一个同样的微笑，我相信一段唯美的爱情故事可以从这里展开。

七、共同的接触

女生的心思其实是非常细腻的，她能够很快地感知到一些你还没有感知到的东西，如果一个女生不介意你做的一些事情，但是这些事情她本身是不能接受的，这就说明你在她的心里占据了一定的地位，她想和你有许多共同的地方，所以你做的任何事情她都可以接受，甚至她也会感觉到很开心，一切就是你开心就好。

八、 假装在一起

女生其实都是很害羞的，在做一些事情的时候，即使想去做也会因为不好意思而放弃，所以有时候有些女生就会跟爱慕的男孩子假装在一起，说是假的，但是时间长了慢慢了解了也就真的在一起了。

九、 注意你的一切

如果我喜欢一个男生，我就会跟我身边的人打听他所有的事情尽全力地去了解他，去注意他的一点一滴的改变，其实有的时候你自己都没有发现的事情，其实喜欢你的女生早就替你注意了呢。因为她喜欢你，所以爱屋及乌她也会对你身边的人特别好，你慢慢观察一定会发现的呦。

十、 别人身边的我和你身边的我

我相信这点所有人都一样，在喜欢的人面前想要去展示自己最好的那一面，在死党面前疯疯癫癫大大咧咧，而在她喜欢的你面前呢，端庄大方，优雅美丽，只把自己最美的那一面留给你，如果你也注意到她了，可能就会出现电流在一起。

【识别女人的微表情】

通过上面的对于女生喜欢一个男生所会做出的动作我相信大家都有了一定的了解，那么除了一些明显的动作之外，面部的细微的表情也同样会出卖你心中的真实想法。那么，遇见心仪之人，她们会做出怎样细微的动作呢?

一、眼神

遇见喜欢的人不同的人会做出不同的眼神沟通，害羞的人看见心仪之人时，她的眼神会闪躲，害怕或者说是羞于两个人对视，如果你的眼睛没有在看她，她就会一直盯着你希望你能够注意到她，可是当你的眼睛真的转到了她的身上的时候，她就会立马从你的身上闪开。

有的女生如果本身就不是害羞的性格，那么你们的感情就可以从眼神沟通开始，然后来一段轰轰烈烈的恋爱之旅吧。

二、脸红

我相信有过恋爱经历的朋友们对这种表现肯定不能陌生吧，有没有过那种碰见喜欢的人之后出现心跳加速？有没有感觉无所适从不自然？对，这就是要恋爱的节奏呦，当产生爱慕之情的时候，她的手就会不自觉地摸自己的脸，因为害羞的时候人脸的温度会上升，女生会以此来掩饰内心的不安和紧张。

三、嘴唇

当你一直盯着你喜欢的男生，你的嘴巴就会不自觉地张开，就像当你在看一部你特别喜欢的电视剧的时候或者面前摆了一桌特别香的食物的时候，你的嘴巴就会张开甚至会流口水，所以看到你心仪的男生也是如此，就是那种已经看到入迷了的那种感觉。如同在观察一幅美好的事物一般。

所以学会看别人的动作和表情，可能会是你脱单的第一步呢，女人喜欢你并不一定直接就会对你展开猛烈的追求，女生不比男生，女生更加的羞涩，一般不会直接表达自己的想法，所以当你读懂了女生对你的喜欢之后，接下来，男生的主动是必不可少的。

他只是想和你“滚床单”

每个人都会有恋爱的经历，而恋爱三部曲也是必经之路，从相识到相知，再到相爱。郎有情妹有意地发展到最后一步也是肯定的，只不过人和人的时间长短不同。但是，我们要注意的是，对方是只想和你滚床单，还是想要和你成为恋人，一起生活，一起面对未来。

很多女人在恋爱中，都会困惑，“他是真的爱我吗？”“他以后会不会变心？”“他不会和我上了床就不再用心对我了吧？”要知道，几乎所有的男人，不管怎样，最后的目的，都是要和你上床，而这个上床，也是有区别的，分为想和你上床和只想和你上床两种。想和你上床的，之后可能还会有和你发展成为恋人，和你结婚；而只想和你上床的，那么你只是他的一个炮友而已。

现在满大街的都是“假冒暖男”，在大部分人心里，暖男的地位都是至高无上的，一个长相清秀，阳光帅气，表情时而认真时而和善，做事分寸伸缩有度，对人贴心，善解人意的男孩谁不喜欢。可是当今的暖男已经逐渐变味，在英国，那叫绅士；在韩国，那叫长腿欧巴；而国内的暖男，多数都是渣男伪装的了。

小美是一家国有企业的职员，相貌在同事中也算是出类拔萃，平时和人相处也很平易近人，在同一个单位的小张在一年多前便在微信上主动和小美打招呼聊天。一年多来，小美和小张很聊得来，双方也互有好感，在同事们看来，两个人已经俨然是男女朋友的关系了。不过开始的时候，两个人都没有主动提出展开一段恋情，后来小张经常约小美吃饭看电影，期间各种献殷勤，平时也是各种嘘寒问暖，每次聊天都会聊到半夜。聊天的时候，小张会经常故意提起一些关于性的话题，经常有意无意地说起，因为算是比较熟，小美也会回应一些话题，直到小张提起是否可以开房被小美拒绝了两三次后，小张开始对小美逐渐冷淡。这不，最近单位来了新的女同事，小张开始和新来的女同事打得火热，也逐渐开始疏远小美。开始的时候小张还会和小美解释，后面干脆就不解释了，同事们开始说起了闲话。小美急了，便和小张表白了，小张也表示，不可能和新来的女同事在一起，会处理好他们的关系，可没过多久，小张又开始私下和新来的女同事走得很近，小美问起时，小张也不耐烦地说不想提这个事，同事们劝她这种人还是没必要继续下去的好，告诉小美不要把时间和精力浪费在这种人身上，最后心灰意冷的小美拉黑了小张，从此也不再有任何来往，也幸好小美及时认清了小张的为人，没有陷得太深，及时调整心态发展新的关系。

故事中的小张，很明显就是渣男一个，开始表现积极，对人十分体贴，而时间一久，没有达到目的的他，也便失去了耐心，改变了目标。

【如何分辨一个男人是否真心】

首先，你要先了解对方这个人，如果他是腼腆类型的人，他会用行动来告诉你他对你的爱。如果是善于表达类型的人，他便会用各种甜言蜜语来打动你，这种类型变心的概率大过前者，但是其中也有专一的，你对他的付出，他都会回报给你。

分辨一个男人是想和你谈恋爱还是只是想睡你，最直接的办法就是在对方提出想进行最后一步时候，你拒绝他的时候，对方的反应，如果三五次拒绝后他变得冷淡，那么很明显，他只是想和你滚床单，真正爱你的只会发乎情，止乎礼。而最好的办法，就是看在遇到困难的时候他对你的态度了。一个真正爱你的男人，真正在意你、关心你的男人，不管遇到什么情况，都是会不离不弃的。不管他和你在一起多久，即使是几个月，如果他真的爱你，他会用生命去保护你，陪伴你，呵护你。他会给你无微不至的关怀，问你今天有没有多穿一件衣服，告诉你什么食物对身体好什么不好，经常给你打电话或者发信息，刮风下雨都会告诉你天气，有时间就会接你。

如果你在生活中需要用钱，他主动借给你，那么他一定是对你用心的，如果是一味地推辞，那他可能只是想和你过一晚。如果他爱你，他给你发的短信一定是关心和问候，问你的近况，问你的需要，而不是问你是否有空，可以和他去哪玩去哪吃饭，等等，这样的人他不会去考虑你的明天，你的前途，而只是得过且过，过一天算一天。如果他爱你，在你问他有关结婚的话题时，他会深思熟虑地去思考，处处为你考虑，想办法给你一个家，一个温暖的家，一个可以避风的港湾，而不是一味地找借口推脱，不是条件不是时候就是过些日子再说。如果他爱你，不管他做出什么决定都会随时随地地征求你的意见，比如大到做生意，买房，买车，小到中午吃什么都会去倾听你的想法，而不是我行我素，想一出是一出，不管你的任何感受。不管到了哪都会告诉你他的行踪，而不是时不时地玩失踪。在你面前胆怯又顾忌，而不是用任何尺度的荤段子撩你。聊天内容都是围绕着你而不是他自己。喜欢倾听你的心事而很少和你诉苦抱怨心事把你当作感情垃圾桶。

走累了会主动背你，买衣服主动为你提出意见，学你爱吃的菜，带你去你想去的地方旅游，陪你看你喜欢的电影、电视剧，你不喜欢的坏习惯说改就改，游戏打到一半说走就走，在你面前总是想表现出最好的一面，即使再忙每天都会抽出时间联系你，电话中即使没有话题也愿意听着彼此的呼吸，工作再累可以的话也会找你，你的每一个动作、每一个细节、每一句话都在他的关注当中，你的困难他都会记着并努力帮你解决，他会和你谈未来，谈理想，也会在朋友面前自豪地谈起你，并对你的朋友也很有礼貌，让全世界人都知道你属于他。他对你的爱不仅仅只是停留在嘴上，更多的要看他的实际行动，不要因为甜言蜜语就觉得他对你真心，好听的话谁都会说，但是爱你的事情不是谁都会做，我们都过了爱听好话的年纪，他的行动才是最实际的。他对你的爱会表现在生活的点点滴滴，用心去感受，你便可以感受的到。

大多数男人真正爱上一个人，他的情商是会下降的，除非他们是情场高手，否则他们会在你面前表现紧张、手足无措，甚至组织不好语言还要装作不经意的样子，而时间久了，男生放得开了，便会放松以往的僵持，做回真正的自己，喜欢和你做一些恶作剧或者和你开开玩笑，这时候姑娘们千万别以为他变心了，他不爱你了，他只是想和你真实地在一起，你们各自释放着天性和本能，缺点也会随之暴露出来，这时候一定要互相理解，勿忘初心，才能够长久地经营属于你们的爱情。

小细节暴露性取向

当男人可以不再单纯地选择女人，女人也不再单纯地接受男人时，就衍生了一个新的词语——同性恋。

在人类传统的观念中，一个人所爱的对象，一定是他（她）的性对象。换句话说，男人选择女人，女人选择男人，这是一条自然界的择偶原则，它基于人类的繁衍问题。但是，有人却认为，基于人类繁衍问题而选择的配偶对象，是人类最悲哀的爱情。

爱情是这个世界上最难以说明的产物，我们会因为对某个人产生依赖感、信任感、安全感而对他（她）产生一种难以割舍的情愫，人们将这种情愫称为“爱情”。那么，换句话说，如果一个人在摒除人类的繁衍原则后，他（她）选择的性对方或者令他（她）产生依赖感、亲密行为的对象，这个人可以是异性，也可以与自己是同一性别。也就是说，男人不再单纯地选择女人，他们可以选择男人，而女人也不再单纯地接受男人，她们可以接受女人。人们将同性之间产生爱慕、亲密行为、性行为的关系，称为同性恋。

柏拉图认为，动物在发情期会迫切地需要解决它们的本能需求，因此，低等生物的它们缺乏思想和情感。而人类作为更高级的生物，如果只对性产生欲望，这就是罪恶、肮脏的，而对精神、灵魂上的爱慕才是纯洁、高尚的。有人将柏拉图的这一观点进行了整合，说出了这样一句话:“爱情因为性而变得更加美好，性因为爱情而变得神圣纯洁。”

尽管这句话如此美妙，但在现实社会中，因为爱情而结合的婚姻并不普遍，大多数人面对婚姻时，依然会选择人类的基本原则，以及婚姻中的利益。而随着我们对生活的思想、态度，随着身边的人和事物而发生改变时，人们对于爱情有了新的定义——人们不再局限于对异性的依恋和仰慕，这份情绪既能来自异性，也可以来自同性，甚至是双性。

Summer 是我的一位学长，他在 2015 年正式对我透露了自己同性恋的身份，这引起了我对同性恋研究的兴趣。生活就像镜面迷宫，每一面镜子都反映出了路线和岔口，但是我们却分不清到底哪一个才是真实的、正确的。当我问起 Summer，为什么要时隔这么久，才正视性取向的问题时，他平淡地说:“生活的真相远比我们看到的要复杂，很多人都无法向别人展现他们真实的生活，因为现实不允许他们这么做。”

是的，虽然在现时代，人们已经不再认为同性恋一词如同洪水猛兽，但绝大多数人依然无法正视、宽容这个问题。而同性恋者也因为受到了社会等诸多方面的压力，而压制自己的情感和行为，其中也包括性行为。

Summer 告诉我，他确定自己的性取向是在 22 岁的时候，尽管在此之前他对异性并无仰慕的情感，但始终也没有想过自己的性取向与众不同。这就像薛定谔的猫一样——只要打开箱子的那一刻，才能知道里面的猫咪是生是死；只有在遇到那个让他心动的人时，他才恍然了悟自己的与众不同。

那么，人们的性取向为什么会有差异，这种差异又是在什么情况下产生的呢?

相关心理学家针对这个问题进行了多年的研究和讨论，人们认为造成性取向不同的主要是以下几个方面：遗传因素、先天形成、环境因素。

【遗传因素】

有生物学家在研究中发现，性取向确系存在一定的遗传性，但是迄今为止，人们并没有在人体的 DNA 中找到“同性恋基因”。

【先天形成】

后来，有相关专家提出了先天环境影响性取向的论点，他认为女人在怀上男胎儿时，免疫系统会释放一种抗体，而且每孕育一个男胎儿，这种抗体就会在母体内积聚，它对胎儿的发育存在一定的影响，其中也包括性取向。也就是说，一位母亲每生育一个男孩，她孕育的下一个男胎儿成为同性恋的概率就会随之增加。如果孕妇怀的是女胎儿，且母亲子宫内里雄性激素含量高，那么女孩在出生以后，很有可能也会转变性取向。

【环境因素】

最早针对环境因素影响人类性取向的人是弗洛伊德，他提出了这样的观点：其实，异性恋的男人或女人基于人性、道德，以及为避免与他们的父亲或母亲产生冲突，便将自己对母亲或父亲的依赖感、性欲望转移到没有血缘关系的人身上，也就是伴侣。而同性恋（男）则恰恰相反，他们过度依赖自己母亲，从而导致心智发育受到了影响，而为了避免与父亲产生矛盾，便将自己情感及欲望转移到了男人身上；同性恋（女）则是因为她们更渴望成为男人。

尽管弗洛伊德是最早提出性取向受环境影响的人，但绝大多数人都认为他的观点荒唐至极。于是，不少心理学家和生物学家对此又进行了深一层的研究，并归纳出以下几大因素。

第一，和异性恋有过负面的性体验。有心理学家提出，部分同性恋（女）有过被性侵的经历，这令她们认为异性是危险的，从而对异性产生极大的排斥、厌恶心理。

第二，受到同性恋者的引诱。在幼儿阶段，部分儿童曾遭受年长的同性恋者的引诱和侵犯，这使他们形成对异性乃至同性的心理障碍。

第三，受同性朋友影响。有心理学认为，这一般发生于青少年时期，一些男孩或女孩自身拥有特别的魅力，比如说，拥有男孩气质的女孩，拥有女孩气质的男孩，由于这一年龄阶段的人心智还不足够成熟，所以往往容易被身边的同性吸引。他们大多从同性朋友开始相处，接触久了，渐渐影响了彼此的性取向。

最近相关受邀采访的同性恋者发声，针对自己的性取向做出这样的回应："我并不是同性恋，只是恰巧我爱上的人和我是同性罢了。"有心理学家给予了否定回应，称:"虽然同性恋并非一心理疾病，它不需要，也不能去改变、治疗，但一些同性恋者迫于社会压力或舆论，依旧无法正确地认知这种情感。换句话说，上述的话只是一种自我欺骗，因为他们在'恰巧'爱上一位同性后，往往下一次爱上的人依然是同性。"

那么，同性恋者除选择爱人与异性恋存在差异外，其他方面是否也有不同呢?

同性恋中最大的特点是，他们具有异性的一些特点，比如有的女人性格刚强，喜欢和同性接触，而厌恶和男性有一些亲密的肢体触碰；讨厌自己的胸部等。这样的女性同性朋友居多，由于她们的外形和性格都颇为男性化，所以能够给女性朋友一种安全感。

而部分男同性恋者的则渴慕成为女人，他们和大多女人一样喜欢漂亮的衣服、饰品，也有部分男性会伪装成女人的形象出行。有心理学家称:“女人更注重情感，男人更注重情欲。”所以，一些男同性恋在譬如浴池这样的公共场所会感到激动、兴奋。

此外，值得注意的一点是，由于现时代网络发展迅速，人们接触到的信息多元化，部分人尤其是在成长过程中的少年，在有意或无意看到同性恋者的表现时，认为自己与之有相符之处，随即便如同疑心自己身患疾病的人一样，担心自己的病情愈发严重。事实上，这很有可能只是巧合而已，不需要过度的忧虑，当你减轻内心的负担时，反而会发现这只是一场误会。

结束语

人们的性格色彩

良好的性格其实就是管理情绪的能力，人类有七情六欲，一旦情绪失控就会给自己、给他人，带来许多的麻烦和困扰。

《哈利 · 波特》是一本风靡全球的魔幻小说，在系列《哈利 · 波特与魔法石》中，有这样一个桥段让我记忆犹新：

每一年，霍格沃茨魔法学院都会在新生典礼上举行“分院”仪式——哦，每一个人命运都是由一顶破破烂烂，但充满魔法的帽子决定。当帽子戴在人们的头上时，它能够读懂他们的内心，识别他们的性格。于是，机敏自私的马尔福被分到了斯莱特林，而善良勇敢的哈利 · 波特被分到了格兰芬多。

“分院帽”被罗琳赋予了神奇的读心术，但这只出现在人们的幻想世界里，我们谁也不可能捡到一顶会读心术的帽子。不过，如果你能够掌握识别他人性格的能力，那么或许你能像“分院帽”一样，在最快的时间里，找到和他人友好相处的方法。

美国媒体曾报道过一件有趣的事，媒体称，在本土地区有这样一位小姐，她天生缺乏——不，严谨地说，她天生感觉不到恐惧，即使有人拿枪抵住她的头，人们也无法从她的神色、眼神中读到一丝害怕和恐怖。这实在令人匪夷所思，我们暂且将这位小姐为“不害怕小姐”。

相关心理学家和医学家们对“不害怕小姐”进行了相当长时间的研究，结果发现导致“不害怕小姐”没有恐惧感的原因，是因为她患有类脂蛋白沉积症。这个病阻碍了“不害怕小姐”大脑中的杏仁体的正常运用，使她无法接收到恐惧信息。这是一种少见的染色体隐性遗传病，也就是说，“不害怕小姐”的父母并没有表现出这一病症，但是她却显性了类脂蛋白沉积症。从而形成了“不恐惧、不害怕”的性格。

虽然性格是具有一定遗传性的，但是它并不是完全将父母的性格复制到子女身上。它和血型、基因一样有规律可循，可以在子女的性格找到父母性格的影子，但却无法一模一样地复制、粘贴。比如说，父母性格十分开朗，但他们的孩子性格却可能是内向、害羞的。这是因为尽管遗传基因对性格的形成存在一定影响，但是真正促使一个人性格形成固定模式的是生活环境。

有句格言说：“一个人性格的好坏，将会决定他未来的成败。”不少人听后反驳说：“这根本就是谬论！性格只是人类命运中的一种现象，它并不能改变或影响我们的机遇。打个比方说，A和B性格相似，但他们却一个出生在书香门第，一个却出生在工人家庭，纵使两个人的性格相似，他们的生活和未来也是截然不同的。”

是的，这样的反驳的确有道理可言。

但是，他们曲解了这句格言的深意。

良好的性格其实就是管理情绪的能力，人类有七情六欲，一旦情绪失控就会给自己、给他人，带来许多的麻烦和困扰。举个最简单的例子，我们每天都会和人交流、沟通，处理各种各样的人际关系，当一个性格有缺失的人遇到烦恼时，他无法良好地处理自己的情绪问题，从而会因为暴躁、失望、愤懑等负面情绪刺痛或伤害与他交往人的心灵。

你会愿意和一个满身荆棘、像定时炸弹似的，一旦触发机关，就立刻轰炸得你体无完肤的人交往吗？如果你不愿意，那么，我也是不愿意的，乃至绝大多数人类都是抗拒的。如此来看，性格对于人类人生走向的发展，是可以起到转圜作用的。

美国著名心理学家泰勒·哈特曼经过多年研究分析，得出这样的结论：他认为，人类拥有的众多性格可以用四种色彩来区分——分别是红色、蓝色、白色和黄色。不过，一个人的性格色彩可能不是“纯色”的，也就是说，甲可能在具有红色性格的同时，也具有蓝色性格的特点，所以甲的色彩性格是混合色彩。

那么，我们如何辨别自己或他人是哪种色彩性格呢？

这四种色彩具有显著的性格特征，下文中我们会了解这四种性格类型的特点，在此之前，让我们来做一套性格测试题，帮助你找到属于自己的性格色彩。

【性格色彩测试题】

Part one

1. 我的人生观念是这样的：

A. 我希望人生是丰富多彩的，我愿意并乐于尝试更多的人生体验。

B. 我希望人生是完美和谐的，我能够克制自己想法，体谅他人的意见。

C. 我更注重人们情感上的交流。

D. 我更享受平淡的生活，不想追逐功成名就。

2. 在社交场合，我会：

A. 主动结交新的朋友。

B. 和自己的朋友聊天。

C. 结交对自己可能有帮助的人。

D. 谁和我打招呼便和谁交流。

3. 在和他人沟通时，我更在意：

A. 对方对我的印象。

B. 自己是否表述清楚。

C. 说的话是否会伤害他人。

D. 说话能否达成自己的目的。

4. 在人生的大多数时候，我希望自己的生活中多一些：

A. 挑战。　B. 稳定。　C. 安全。　D. 喜悦。

5. 面对他人的赞美，我的本能反应是：

A. 接受赞美，但不至于感到欣喜。

B. 不屑于他人的赞美，自我认可自己的能力。

C. 感到喜悦，同时内心怀疑对方赞美的初衷。

D. 赞美是件令人愉悦的事。

6. 在人生之中，除工作以外，我认为我的控制欲：

A. 拥有强烈的控制欲，渴望领导他人。

B. 能够用规则约束自己的控制欲和对他人的要求。

C. 内心希望自己可以感染他人。

D. 没有控制欲，也不希望他人干涉自己，但自律力不强。

7. 面对他人的倾诉，我会：

A. 做出结论，并给出解决方法。

B. 对倾诉内容进行分析，并安抚对方的情绪。

C. 静静地聆听，认同对方的感受。

D. 发表评论或见解，与对方的情绪共起落。

8. 我认为自己大多时候是：

A. 思路清晰的人。 B. 情感丰富的人。

C. 善解人意的人。 D. 虎头蛇尾的人。

9. 如果朋友深深地伤害了我，我会：

A. 感到很愤怒，认为对方不可原谅。

B. 内心很痛苦，但往往会选择原谅、自我牺牲。

C. 会默默承受，但内心会疏远对方。

D. 会直接质问对方，了解事件的整个过程，气消以后不会介怀。

Part two

10. 在工作（学习）中，大多时候我的态度是：

A. 我对工作（学习）充满了热情，有很多的想法且很有价值。

B. 心思缜密、追求完美，而且能够尽可能地完成任务。

C. 默默无声，用业绩（成绩）宣告自己的存在感。

D. 缺乏耐心，只对感兴趣的任务充满激情。

11. 我曾经任课老师对我的评价可能是：

A. 善于表达自我，有较强的实践能力。

B. 严格遵守规定，有很强的自律力。

C. 缺乏社交能力，有时会显得孤单或不合群。

D. 表现活跃积极，但是缺乏团队意识和责任感。

12. 小时候的我：

A. 是孩子王，小伙伴都听我的号令。

B. 不太会主动尝试新鲜事物，但是如果他人要求，也不会感到胆怯。

C. 害怕和陌生人接触，会有意识地逃避。

D. 开朗、调皮，童年过得很愉快。

13. 在朋友眼中，我可能是这样的：

A. 有很强的行动力，但不善于以他人的立场考虑问题。

B. 能够设身处地地为他人着想，不太会说别人的缺点或坏话。

C. 是个很好的倾听者，但很少有人了解他的真实想法。

D. 愿意直言表达自我，有时会坦率地评论自己不喜欢的人、事、物。

14. 面对生活现状，我的态度是：

A. 满足现状，对外界发生的事情漠不关心。

B. 如逆水行舟，不进则退，所以我要不断地进步。

C. 常常为应该安于现状和提升自我感到犹豫或迷茫。

D. 我认为，生活得快乐最重要。

15. 对于规则，我的态度是：

A. 打破规则，希望规则由我来制定。

B. 遵守规则，并在规则内尽力做到最好。

C. 不愿意违反规则，但可能会因为懒惰而无法达到要求。

D. 不喜欢被人约束，偶尔会违反规则。

16. 如果是领导，我希望自己在下属的心目中：

A. 是精明的，具有很强的领导能力。

B. 是容易相处，并被大家认可的。

C. 是公平、公正，值得他人信赖的。

D. 是大家喜欢，并具有号召力的。

17. 当我结束一段刻骨铭心的感情时，我会：

A. 非常难过，但不会沉浸其中不可自拔，时间是最好的解药。

B. 虽然觉得很伤心，但是当我决定走出爱情的阴影时，我就会努力地重新经营好自己。

C. 深陷悲伤而不能自拔，在相当长的时间里不会再信任爱情。

D. 我会感到非常痛苦，但倾诉是最好的发泄方式。

18. 我认为自己的行为特点是：

A. 注重效率，能够快速适应周围的环境。

B. 目标明确，并能集中精力为实现目标而奋斗。

C. 选择困难症，凡事多思而后行。

D. 热力十足，有良好、积极的心态。

19. 当我成为父母以后，我也许会：

A. 严格要求子女成为优秀的人。

B. 不愿意干涉子女的行为，但会给予方向性的指点。

C. 用行动代替语言来对子女表示关爱。

D. 愿意花更多时间陪伴孩子玩耍，注重孩子童年的快乐。

【性格色彩测试结果】

请根据自己的真实情况“我想要选 ××”，而不是“我应该选 ××”，选出以上 19 道题目的答案，并将 part one 和 part two 的答案汇合到一起：

PART ONE

选择 A 的次数（　　）

选择 B 的次数（　　）

选择 C 的次数（　　）

选择 D 的次数（　　）

红色：前 A 加后 D 的总和（　　）

蓝色：前 B 加后 C 的总和（　　）

白色：前 C 加后 B 的总和（　　）

黄色：前 D 加后 A 的总和（　　）

PART TWO

选择 A 的次数（　　）

选择 B 的次数（　　）

选择 C 的次数（　　）

选择 D 的次数（　　）

对应颜色最大数值的色彩，就是你的核心性格。例如，你的黄色数值总和是“15”，那么黄色性格就是你的核心性格；如果你的蓝色性格是“10”，白色性格是“8”，红色和黄色性格各为“1”，那么，蓝色性格是你核心性格，同时，你属于“混合色性格”，即拥有蓝＋白两种性格特点。

【你的性格色彩是？】

一、红色

如果你的性格色彩是红色，那么你拥有以下几种品质：热情、奔放、勇敢、坚毅、自信、顽强、固执。由于红色性格的人对自己充满信心，所以他们有一种与生俱来的领导力，无论走到哪里，其他人都会很自然地听从他的安排，并对他们的决定充满信任。

通常来说，红色性格的人具有较强的沟通能力和社交能力，他们是渲染气氛的重要人物，但是，由于他们深信自己的能力，往往会形成一种“自我心理”，他们随意性强，缺乏自我控制力，渴望得到他人的关注和敬佩，但容易忽视其他人的心理感受，不会站在他人的立场思考问题。

二、蓝色

蓝色性格的人具有以下几种品质：善良、诚实、忠诚、自律，善于体谅、理解他人。他们大多坚持“中庸之道”，认为体现一个人“好”的本质就是美德。但是，由于他们追求完美世界，甚至有些吹毛求疵，因此他们性格敏感，但做错某事时常常陷入自责之中。

三、白色

白色性格的人具有一颗宽容之心，能够和各种类型的人交朋友。可以说，他们是人们口中常说的“老好人”。不过，由于他们具有优柔寡断、胆怯、懒散的性格特点，所以他们喜欢平稳的生活，害怕做出选择，不会轻易表露情感。

四、黄色

黄色性格的人大多秉承“今朝有酒今朝醉，房子没了街边睡”的观念。他们具有良好的心态，是热力十足的乐天派，在人际交往中能够如鱼得水。不过，大多时候他们爱冲动、爱逞强，缺乏自律力，做事常常“三分钟热度”，这和他们过度开朗的性格存在直接关系。